Faserforschung und Textiltechnik

Zeitschrift für Polymerforschung

Begründet von Erich Correns und Walter Frenzel

Herausgegeben von

Wolfgang Bobeth – Hermann Klare – Burkart Philipp
Christian Ruscher

Redaktion

J. Dechant, Chefredakteur

I. Ruscher, Redakteur

Band 26 **1975**

Herausgeber: Im Auftrage des Akademie-Verlages herausgegeben von Prof. Dr. Ing. habil. Wolfgang Bobeth, Institut für Technologie der Fasern der Akademie der Wissenschaften der Deutschen Demokratischen Republik, DDR - 801 Dresden, Hohe Straße 6; Fernruf: Dresden 4 65 80; Prof. Dr. Dr. h. c. Hermann Klare, Prof Dr. habil. Burkart Philipp und Prof. Dr. habil. Christian Ruscher, Institut für Polymerenchemie der Akademie der Wissenschaften der Deutschen Demokratischen Republik, DDR - 153 Teltow-Seehof; Fernruf: Teltow 48 31; Telex-Nr. 15 322.

Verlag: Akademie-Verlag, DDR - 108 Berlin, Leipziger Straße 3–4; Fernruf: 2 20 04 41; Telex-Nr. 11 4420; Postscheckkonto: Berlin 305 21. Bank.: Staatsbank der DDR, Berlin, Kto-Nr. 6836-26-20712.

Redaktion: Dr. sc. nat. Johannes Dechant, Chefredakteur, und Dipl.-Chem. Ingeborg Ruscher, Redakteur.

Anschrift der Redaktion: Institut für Polymerenchemie der Akademie der Wissenschaften der DDR, DDR - 153 Teltow-Seehof, Kantstraße 55; Fernruf: Teltow 48 31; Telex-Nr. 15 322.

Veröffentlicht unter der Lizenznummer 1280 des Presseamtes beim Vorsitzenden des Ministerrates der Deutschen Demokratischen Republik.

Gesamtherstellung: VEB Druckhaus „Maxim Gorki", DDR - 74 Altenburg.

Erscheinungsweise: Die Zeitschrift „Faserforschung und Textiltechnik/Zeitschrift für Polymerforschung" erscheint monatlich. Die 12 Hefte eines Jahrganges bilden einen Band. Bezugspreis eines Bandes 180,– M zuzüglich Versandspesen (Preis für die DDR 108,– M). Preis je Heft 15,– M (Preis für die DDR 9,– M). Bestellnummer dieses Bandes: 1014/26.

Bezugsmöglichkeiten der Zeitschrift „Faserforschung und Textiltechnik/Zeitschrift für Polymerforschung"
Bestellungen sind zu richten
– **in der DDR** an den Postzeitungsvertrieb, an eine Buchhandlung oder an den Akademie-Verlag, DDR - 108 Berlin, Leipziger Straße 3–4
– **im sozialistischen Ausland** an eine Buchhandlung für fremdsprachige Literatur oder an den zuständigen Postzeitungsvertrieb
– **in der BRD und Westberlin** an eine Buchhandlung oder an die Auslieferungsstelle KUNST UND WISSEN, Erich Bieber, 7 Stuttgart 1, Wilhelmstraße 4–6
– **in Österreich** an den Globus-Buchvertrieb, 1201 Wien, Hochstädtplatz 3
– **im übrigen Ausland** an den Internationalen Buch- und Zeitschriftenhandel, den Buchexport, Volkseigener Außenhandelsbetrieb der Deutschen Demokratischen Republik, DDR - 701 Leipzig, Postfach 160, oder an den Akademie-Verlag, DDR - 108 Berlin, Leipziger Straße 3–4

Inhaltsverzeichnis Band 26 (1975)

(KM) Kurze Mitteilung, (TB) Tagungsbericht

Heft 5

Heft 6

Heft 7

Heft 8

Heft 9

Heft 10

Heft 11

Heft 12

Autorenverzeichnis

Sachverzeichnis

Faserforschung und Textiltechnik

Zeitschrift für Polymerforschung

Begründet von
Erich Correns und Walter Frenzel

Herausgegeben von
Wolfgang Bobeth · Hermann Klare
Burkart Philipp · Christian Ruscher

Schriftleitung
J. Dechant und I. Ruscher

AUS DEM INHALT

Akademie-Verlag
Berlin

Faserforsch. u. Textiltechnik / Z. Polymerforsch.
26. Jahrg. · Heft 1 · Seiten 1—50 · Berlin im Januar 1975
FSTXA7 26 (1) 1—50 (1975)
EVP 9,— M

1 · 1975

Automatisierung von Prozessen der chemischen Technologie

(Übersetzung aus dem Russischen)

In deutscher Sprache herausgegeben von Peter Plaul

1973. X, 263 Seiten — 101 Abbildungen — 21 Tabellen — 8° — Leinen 62,— M

Bestell-Nr. 761 633 3 (5954)

Das Buch stellt eine gelungene Zusammenstellung von Lösungen vieler wichtiger Probleme bei der Automatisierung von chemisch-technologischen Prozessen dar. Es zeichnet sich vor allem dadurch aus, daß neben rein theoretischen Beratungen auch umfangreiches Material über praktische Erfahrungen der von den Autoren erarbeiteten Methoden und Mittel zur Automatisierung chemisch-technologischer Prozesse vorgelegt wird.
Das bezieht sich sowohl auf die im ersten Teil des Buches dargestellten vereinfachten Optimalkriterien für die Prozeßführung und die Methodik der Untersuchung und Modellierung der Prozesse (vor allem seitens der Dynamik) als auch auf die Fragen der Berechnung, Projektierung und Einstellung automatischer Regelsysteme im zweiten Teil, wobei hier vor allem auf die Anwendung praktischer Methoden zur Untersuchung der Stabilität der Systeme und der dynamischen Entkopplung von Mehrfachsystemen eingegangen wird.
Der dritte Teil des Buches beinhaltet umfangreiches Material über die Mittel zur automatischen Kontrolle der Prozesse: automatische Flüssigkeitsdosierungen, dynamische Kennlinien der Dichtemesser, Impuls-Frequenz-Systeme, Dosiergeräte für aggressive Flüssigkeiten u. a.

Bestellungen durch eine Buchhandlung erbeten

THEORIA CUM PRAXI

A K A D E M I E - V E R L A G

DDR - 108 Berlin, Leipziger Str. 3—4

Faserforschung und Textiltechnik

Zeitschrift für Polymerforschung

Herausgeber: Im Auftrage des Akademie-Verlages herausgegeben von Prof. Dr. Ing. habil. Wolfgang Bobeth. Institut für Technologie der Fasern der Akademie der Wissenschaften der Deutschen Demokratischen Republik, DDR-801 Dresden, Hohe Straße 6; Fernruf: Dresden 46580; Prof. Dr. Dr. h.c. Hermann Klare, Prof. Dr. habil. Burkart Philipp und Prof. Dr. habil. Christian Ruscher, Institut für Polymerenchemie der Akademie der Wissenschaften der Deutschen Demokratischen Republik, DDR-153 Teltow-Seehof; Fernruf: Teltow 4831: Telex-Nr. 15322.

Verlag: Akademie-Verlag, DDR-108 Berlin, Leipziger Straße 3–4; Fernruf: 2200441; Telex-Nr. 114420; Postscheckkonto: Berlin 35021. Bank: Staatsbank der DDR, Berlin, Kto-Nr. 6836-26-20712.

Redaktion: Dr. sc. nat. Johannes Dechant, Chefredakteur, und Dipl.-Chem. Ingeborg Ruscher, Redakteur.

Anschrift der Redaktion: Institut für Polymerenchemie der Akademie der Wissenschaften der DDR, DDR-153 Teltow-Seehof, Kantstraße 55; Fernruf: Teltow 4831; Telex-Nr. 15322.

Veröffentlicht unter der Lizenznummer 1280 des Presseamtes beim Vorsitzenden des Ministerrates der Deutschen Demokratischen Republik.

Gesamtherstellung: VEB Druckhaus „Maxim Gorki", DDR-74 Altenburg.

Erscheinungsweise: Die Zeitschrift „Faserforschung und Textiltechnik / Zeitschrift für Polymerforschuug" erscheint monatlich. Die 12 Hefte eines Jahrganges bilden einen Band. Bezugspreis eines Bandes 180,– M zuzüglich Versandspesen (Preis für die DDR 108,– M). Preis je Heft 15,– M (Preis für die DDR 9,– M.) Bestellnummer dieses Heftes: 1014/26/1.

Bezugsmöglichkeiten der Zeitschrift „Faserforschung und Textiltechnik / Zeitschrift für Polymerforschung"

Bestellungen sind zu richten

- **in der DDR** an den Postzeitungsvertrieb, an eine Buchhandlung oder an den Akademie-Verlag, DDR-108 Berlin, Leipziger Straße 3–4
- **im sozialistischen Ausland** an eine Buchhandlung für fremdsprachige Literatur oder an den zuständigen Postzeitungsvertrieb
- **in der BRD und Westberlin** an eine Buchhandlung oder an die Auslieferungsstelle KUNST UND WISSEN, Erich Bieber, 7 Stuttgart 1, Wilhelmstraße 4–6
- **in Österreich** an den Globus-Buchvertrieb, 1201 Wien, Hochstädtplatz 3
- **im übrigen Ausland** an den Interantionalen Buch- und Zeitschriftenhandel; den Buchexport, Volkseigener Außenhandelsbetrieb der Deutschen Demokratischen Republik, DDR-701 Leipzig, Postfach 160, oder
- an den Akademie-Verlag, DDR-108 Berlin, Leipziger Straße 3–4

Band 26 • Januar 1975 • Heft 1

DK 678.745.32 – 134.24 : 678.745.32 – 139 : 678.019.17 : 543.226 : 536.45
66.095.27

Berger, Werner, Thamke, Wolfgang, Heller, Armin, und *Adler, Hans-Jürgen*

Untersuchungen zur thermischen Verfärbung des Polyacrylnitrils und von Acrylnitril-Copolymeren

Faserforsch. u. Textiltechnik/Z. Polymerforsch. **26** (1975) 1, S. 1—9. 12 Abb., 3 Tab., 31 Lit.

An Substanzpolymerisaten der Komponenten Acrylnitril/Isobutylen und Acrylnitril/Isobutylen/Sulfonat wurden differentialthermoanalytische Untersuchungen durchgeführt sowie nach Temperung im Bereich von 175 bis 215 °C die Verfärbung leukometrisch bestimmt. Zur Erklärung der gefundenen Resultate werden der Angriff nucleophiler Zentren, die radikalische Initiierung nach vorangegangener Kettenspaltung und der Einfluß der Cokomponenten auf die Kettenbeweglichkeit diskutiert.

DK 677.494.675 : 677.661 : 677.017.6 : 543.422.27 : 547.398.12 : 677.862.25

Putzger, Dieter

Elektronenspinresonanzuntersuchungen an elektronenbestrahltem Polyamidseidengewirke

Faserforsch. u. Textiltechnik/Z. Polymerforsch. **26** (1975) 1, S. 19—27. 16 Abb., 1 Tab., 17 Lit.

Es wird über Elektronenspinresonanzuntersuchungen berichtet, mit deren Hilfe das Radikalabklingverhalten von mit 1 MeV-Elektronen bestrahltem Polyamidseidengewirke sowohl in Luft als auch in Wasser und Acrylamidpfropflösung untersucht wurde.

DK 678.746.222 – 134.22 : [66.095.3 : 678 – 13] : 541.127.1 : 541.128
546.881.3'133.1 : 547.256.23'212

Bledzki, Andrzej, und *Ulbricht, Joachim*

Copolymerisation von Äthylen und Styrol mit Vanadinoxytrichlorid und Triäthylaluminium

Faserforsch. u. Textiltechnik/Z. Polymerforsch. **26** (1975) 1, S. 10—13. 6 Abb., 1 Tab., 8 Lit.

Es wurden die Polymerisationsgeschwindigkeit sowie die Zusammensetzung der gebildeten Copolymeren in Abhängigkeit von dem Konzentrationsverhältnis der Katalysatorkomponenten, von der Alterungszeit des Katalysators und von der Temperatur untersucht. Weiter wird über die Reaktivierung des Katalysatorsystems durch Hexachlorcyclopentadien berichtet. Neben der Reaktivierung des Katalysators wird gleichzeitig eine für die Verarbeitung der Copolymeren günstige Viskosität erreicht.

DK 677.494.6/.7 : 677.861.523 : 677.017.4 : 677.017.8

Bobeth, Wolfgang, Faulstich, Heidemarie, und *Tausch-Marton, Harald*

Studie zum Stauchverhalten und dessen Beziehungen zu Gebrauchseigenschaften am Beispiel synthetischer Monofile

Faserforsch. u. Textiltechnik/Z. Polymerforsch. **26** (1975) 1, S. 28—37. 15 Abb., 1 Tab., 29 Lit.

Einschlägiger Literatur ist zu entnehmen, daß die Untersuchung des axialen Druckverhaltens von Faserstoffen ein bisher nur wenig behandeltes und verfahrenstechnisch schwieriges Gebiet ist, das aber zusätzliche Aussagen über das Faserstoffverhalten erwarten läßt. Mit der Kenntnis des Axialdruckverhaltens — vorerst an groben Monofilen untersucht — wird es möglich, noch vielseitiger Rückschlüsse auf Gebrauchseigenschaften der Faserstoffe zu ziehen, die insbesondere mit Biege- und Biegeerholungsvorgängen verknüpft sind.

DK 678.546.11 : 542.91/.95 : 543.888 : 543.2 : 543.42.062

Náterová, Anna, und *Polčin, Ján*

Bestimmung des Substitutionsgrades von Carboxymethylcellulose

Faserforsch. u. Textiltechnik/Z. Polymerforsch. **26** (1975) 1, S. 14—18. 5 Abb., 5 Tab., 16 Lit.

Von den in der Literatur angegebenen Routinemethoden für die Bestimmung des Substitutionsgrades von Carboxymethylcellulose wurde die Fällungsmethode mit Pb^{2+} mit der acidimetrischen Titration und konduktometrischen Indikation sowie mit der Hochfrequenz-Titration und der IR-Spektrophotometrie verglichen. Die Fällungsmethode weist eine gute Reproduzierbarkeit auf, erfordert jedoch relativ große Mengen der Probe und einen großen Zeitaufwand, wenn man sie mit den Titriermethoden vergleicht. Bei der IR-spektrophotometrischen Methode verbessert sich die Reproduzierbarkeit, wenn das Natriumsalz der CMC in die H-Form umgesetzt wurde.

DK 001.4 : 677.022.48 : 677.023 : 677.064 : 677.64

22. bis 25. Mitteilung des FA Textilterminologie der KDT

Faserforsch. u. Textiltechnik/Z. Polymerforsch. **26** (1975) 1, S. 37—42. 6 Abb.

Mitteilung der Herausgeber

Faserforsch. u. Textiltechnik/Z. Polymerforsch. **26** (1975) 1, S. 43.

Neue Bücher S. 44.

Patentschau S. 44—47.

Literaturschau S. 47—50.

Faserforschung und Textiltechnik 26 (1975) Heft 1
Zeitschrift für Polymerforschung
1

Untersuchungen zur thermischen Verfärbung des Polyacrylnitrils und von Acrylnitril-Copolymeren

Werner Berger, Wolfgang Thamke, Armin Heller und Hans-Jürgen Adler

Technische Universität Dresden, Sektion Chemie

DK 678.745.32—134.24:678.745.32—139:678.019.17:543.226:536.45:66.095.27

An Substanzpolymerisaten der Komponenten Acrylnitril/Isobutylen und Acrylnitril/Isobutylen/Sulfonat wurden differentialthermoanalytische Untersuchungen durchgeführt sowie nach Temperung im Bereich von 175 bis 215 °C die Verfärbung leukometrisch bestimmt. Zur Erklärung der gefundenen Resultate werden der Angriff nucleophiler Zentren, die radikalische Initiierung nach vorangegangener Kettenspaltung und der Einfluß der Cokomponenten auf die Kettenbeweglichkeit diskutiert.

Исследование изменений окраски полиакрилонитрила и сополимеров акрилонитрила под влиянием термических воздействий

Исследовались полученные методом полимеризации в массе сополимеры акрилонитрила с изобутиленом и акрилонитрила с изобутиленом и сульфонатом. Исследование проводилось с применением ДТА, кроме того пробы подвергались отжигу при 175—215°C, после чего на лейкометре определялось изменение окраски. В рамках интерпретации полученных результатов обсуждаются: атака нуклеофильных центров, радикальное инициирование после расщепления цепи и влияние сомономеров на подвижность цепей.

Investigations on Thermal Discolouration of Polyacrylonitrile and Acrylonitrile Copolymers

With bulk polymerization products of the components acrylonitrile/isobutylene and acrylonitrile/isobutylene/sulfonate differential thermoanalytic investigations were carried out and, after annealing within 175 and 215 °C, the discolouration was determined by leucometry. To explain the results the attack on nucleophilic centres the radical initiation after chain scission and the effect of components and chain mobility is discussed.

1. Einleitung

Die bei thermischer Beanspruchung von Polyacrylnitril auftretende Verfärbung stellt eine in der Literatur vielfältig untersuchte Erscheinung dar. Aus der Reihe unterschiedlicher Anschauungen über den Mechanismus der Verfärbung [1 bis 5] kann als Primärreaktion die Oligomerisation der Nitrilgruppen als gesichert angesehen werden.

Monomere Nitrile, wie Bernsteinsäuredinitril, Fumarsäuredinitril u. a. können nach *Wöhrle* und *Manecke* [6] kationisch, anionisch und radikalisch polymerisiert werden. Es entstehen dunkel gefärbte Polymerisate. Die Initiierung der Nitriloligomerisation in Polyacrylnitril sollte in entsprechender Weise möglich sein. In Bild 1 sind die Einflußgrößen zusammengefaßt, welche die Oligomerisation der Nitrilgruppen auslösen können. Die Initiatorwirksamkeit von Zusätzen in Abhängigkeit von deren Nucleophilie wies *Grassie* [7] an der unterschiedlichen Initiatorwirksamkeit verschieden substituierter Phenole und aromatischer Säuren nach. Werden solche Substanzen in die Polyacrylnitrilkette

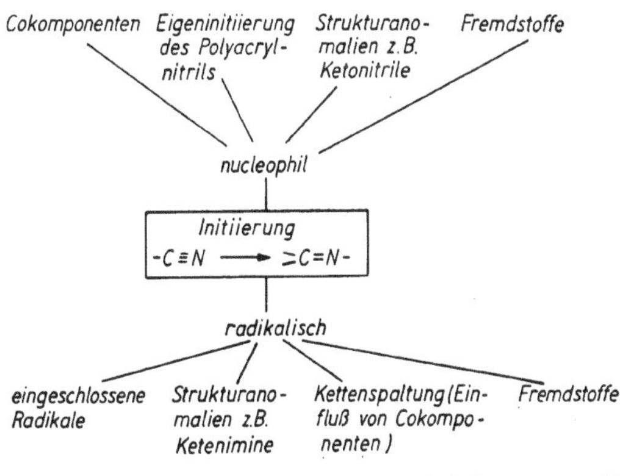

Bild 1. Schematische Darstellung der Initiierungsmöglichkeiten der Nitrilgruppenoligomerisation

direkt eingebaut, hängt die Initiatorwirksamkeit nicht nur von der Nucleophilie des Comonomeren allein, sondern auch von sterischen Effekten ab, da die Initiierungsreaktion vorwiegend intramolekular verläuft (I) [8].

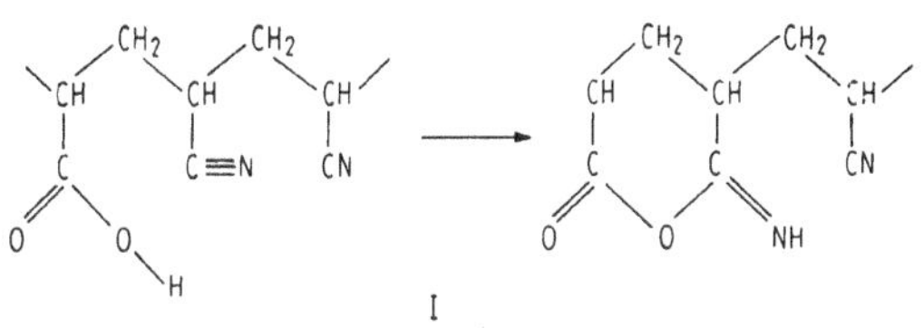

I

Da sich Polyacrylnitril auch in Abwesenheit nucleophiler Agenzien oberhalb 160 °C verfärbt, versucht *Grassie* [9] diese Eigenschaft mit der sogenannten Fähigkeit des Polyacrylnitrils zur Eigeninitiierung über die tertiäre CH-Gruppe zu erklären, die jedoch bisher nicht direkt nachgewiesen werden konnte (II).

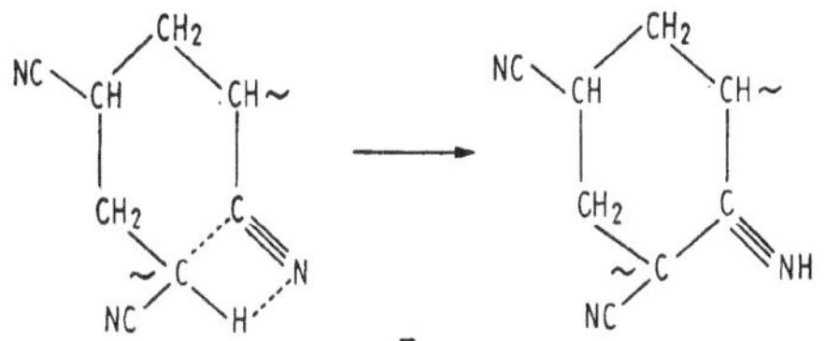

II

Es ist nicht auszuschließen, daß die Verfärbung bei relativ niedrigen Temperaturen auf andere Initiatoren zurückzuführen ist. Neuerdings wird auch den in Polyacrylnitril nachgewiesenen Strukturanomalien, wie β-Iminonitrilgruppierungen und deren Hydrolyseprodukten, ein Einfluß auf die thermische Verfärbung eingeräumt. Nach eingehenden Untersuchungen gelang es *Friedländer* u. a. [10] nachzuweisen, daß β-Iminonitrile bzw. β-Ketonitrile die Verfärbung des Polyacrylnitrils beschleunigen. Die Hydroxylgruppe der Enolform reagiert mit einer benachbarten Nitrilgruppe und leitet die Nitriloligomerisation ein (III).

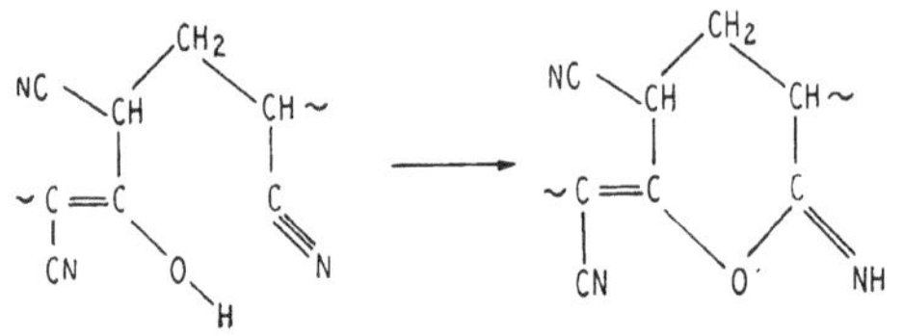

III

In der Literatur gibt es nur wenige Hinweise für einen radikalischen Mechanismus der Nitriloligomerisation. *Okaya* [11] leitet aus ESR-Untersuchungen ab, daß in Substanz polymerisiertes Acrylnitril eingeschlossene Radikale enthält, die die Nitriloligomerisation initiieren können. In einer Veröffentlichungsreihe gelangen *Grassie* und *McGuchan* [12] auf Grund von DTA-Untersuchungen an Polyacrylnitril und Acrylnitril-Copolymeren zu dem Schluß, daß die Nitriloligomerisation im Bereich des für Polyacrylnitril charakteristischen exothermen Peaks nach einem radikalischen Mechanismus verläuft. Die primäre Radikalbildung soll durch Kettenspaltung an nicht näher benannten Strukturanomalien erfolgen.

Nach einem radikalischen Mechanismus zerfallen die in Polyacrylnitril durch 1,4-Addition entstehenden Keteniminggruppierungen bereits oberhalb 100 °C [13]. Die Ketenimine können damit gleichfalls als Verfärbungsinitiatoren fungieren.

Werden dem Polymeren vor der Temperung Radikalbildner (AIBN) zugemischt, verfärbt sich Polyacrylnitril gleichfalls stärker [14]. In ähnlicher Weise kann auch in Acrylnitril-Copolymerisaten, in denen das Comonomere keine nucleophile Potenz zeigt, dieses die Verfärbungsreaktion dann maßgeblich beeinflussen, wenn die Bindungsdissoziationsenergien der AN/X- bzw. X/X-Diaden unter der der AN/AN-Diaden liegt. In dem Falle hängt die radikalliefernde Kettenspaltungsreaktion und damit die Verfärbung solcher Copolymerisate vom Comonomergehalt ab.

Die nucleophil oder radikalisch initiierte Nitriloligomerisation führt in der Wachstumsreaktion zu heterocyclischen Ringsystemen mit einer statistischen Längenverteilung. Der Annelierungsgrad des (C=N)-Chromophors muß $n \geq 7$ sein, um zu einer Verfärbung zu führen [15].

An diese Primärreaktion schließen sich einige interessante Folgereaktionen an. Beginnende Aromatisierung in Stickstoffatmosphäre unter Wasserstoffabspaltung ab 320 °C auf Grund von NMR-Untersuchungen an pyrolisiertem Polyacrylnitril diskutieren *Pimenov* und *Maklakov* [16] sowie *Rosenschön* und *Drabkin* [17]. Sie formulieren einen temperaturabhängigen Zweistufenprozeß (IV).

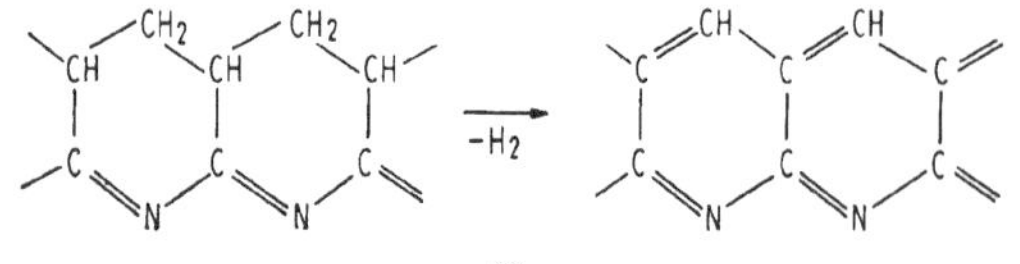

IV

Wird in inerter Atmosphäre getempertes Polyacrylnitril in Luft aufgeheizt, erfolgt eine sehr heftige Reaktion mit dem Luftsauerstoff unter Hauptkettendehydrierung und Wasserbildung. Diese Reaktion verläuft mit Luftsauerstoff bereits langsam bei Zimmertemperatur [18].

Bereits früher fanden *Peebles* und *Brandrup* [19] eine weitere Reaktion des getemperten Polyacrylnitrils mit Sauerstoff. Vergleichbar mit niedermolekularen Verbindungen neigt Polyacrylnitril dazu, an den Stickstoff in den cyclisierten Sequenzen unter Nitronbildung Sauerstoff anzulagern. Polyacrylnitril bildet ein statistisches Copolymeres, das in den cyclisierten Sequenzen Imin- und Nitronbindungen enthält (V).

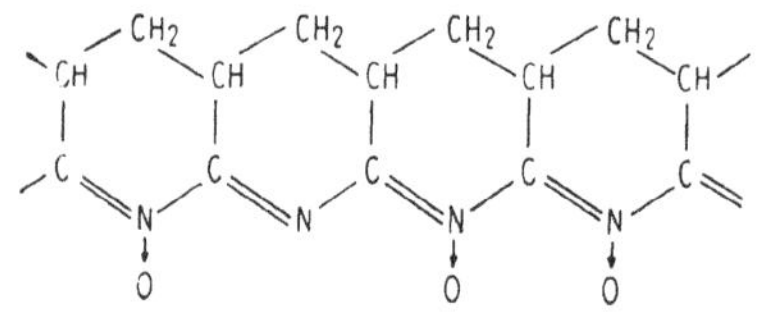

V

Neben diesen Folgereaktionen des Sauerstoffs in den cyclisierten Sequenzen bildet Sauerstoff in einer Konkurrenzreaktion Oxydationsprodukte, die nach dem ionischen Verfärbungsmechanismus initiierend wirken. Über Modellsubstanzen wiesen *Brandrup* u. a. [20] nach, daß der oxydative Angriff des Sauerstoffs am β-Kohlenstoff unter Bildung eines Hydroperoxids erfolgt, das unter Eliminierung von Wasser in ein β-Ketonitril zerfällt [10].

Trotz der umfangreichen Forschungsarbeiten auf diesem Gebiet sind gegenwärtig noch einige Probleme ungelöst:

1. Der Einfluß von nicht-ionischen Comonomeren (z. B. Isobutylen) in Acrylnitril-Copolymerisaten (mit Acrylnitril als Hauptkomponente) ist bisher nur unzureichend untersucht worden.
2. Es liegen keine Aussagen über mögliche Änderungen des Reaktionsmechanismus in Abhängigkeit von der Belastungstemperatur und eine Beteiligung der verschiedenen Initiierungszentren an der Nitriloligomerisation vor.

2. *Experimentelles*

Die Systeme Acrylnitril/Isobutylen und Acrylnitril/Isobutylen/Sulfonat wurden in Substanz bei 65 °C mit Azo-bis-isobutyronitril (AIBN) in einem Umsatzbereich bis ca. 20% polymerisiert. Mehrmaliges Waschen mit Methanol diente der Entmonomerisierung bzw. der Entfernung von DMF-Resten bei umgefällten Substanzpolymerisaten. Reste von DMF wurden durch Kochen in schwach angesäuertem Wasser entfernt. Anschließend erfolgte 24 h Trocknung bei 40 °C im Vakuumtrockenschrank.

Die Zusammensetzung der Copolymerisate ergab sich aus der Bestimmung des Stickstoffs nach *Kjeldahl*, die der Terpolymerisate durch eine zusätzliche Bestimmung des Schwefelgehaltes.

Die relative Lösungsviskosität (L_v) wurde mit einem *Ubbelohde*-Viskosimeter der Kapillargröße I bei 20 °C bestimmt (0,5 g Polymeres/100 ml DMF).

Das Polymerpulver wurde im Vakuumtrockenschrank im Temperaturbereich 175 bis 215 °C unter Stickstoff getempert. Zur Erzielung einer Temperaturkonstanz von ±1 grd diente eine Regelstrecke. Nach der Temperung wurde das Polymerisat gemahlen und zur Reflexionsmessung die Siebfraktion ≤ 0,3 mm mit einer Matrize bei Zimmertemperatur und einem Druck von 120 kp/cm² zu einer Tablette gepreßt. Die Reflexionsgradmessung erfolgte ohne Filtereinsatz am Leukometer des VEB Carl Zeiss Jena.

Die Aufnahme der IR-Spektren wurde am UR 20 des VEB Carl Zeiss Jena unter Anwendung der KBr-Preßtechnik vorgenommen.

Zur Konzentrationsbestimmung der β-Iminonitrile diente ein UV-Spektralphotometer SP 800 der Firma Unicam. Die spektroskopierte Lösung enthielt 40 mg Polymeres/10 ml Äthylencarbonat.
Die Schichtdicke betrug 1 cm.

Die DTA-Thermogramme wurden am Linseis-Tieftemperatur-DTA-Gerät L 60/7 aufgenommen. Die Aufnahmebedingungen waren folgende:

Thermoelement	: Pallaplat,
Empfindlichkeit	: 0,2 mV für Vollausschlag des Schreibers,
Aufheizgeschwindigkeit	: 4 grd/min,
Referenzsubstanz	: Al_2O_3,
Atmosphäre	: Stickstoff reinst.

3. *Beschreibung und Diskussion der Ergebnisse*

3.1. *Einfluß von nicht-ionischen Comonomeren auf die thermische Verfärbung*

3.1.1. *Sequenzverteilung in Acrylnitril/Isobutylen-Copolymerisaten*

Dem ionischen Mechanismus der Verfärbungsreaktion des Polyacrylnitrils entsprechend, sollten solche Comonomere wie Isobutylen und Styrol die Verfärbungsgeschwindigkeit nicht erhöhen. Vielmehr ist zu erwarten, daß durch Blockierung der Wachstumsreaktion durch das Comonomere der Annelierungsgrad des Chromophors in diesen Copolymerisaten herabgesetzt ist.

Die Berechnung der Sequenzlängenverteilung mit Hilfe der r-Werte des Systems AN/IB $r_1 = 1{,}02$ und $r_2 = 0{,}001$ ($M_1 = AN$) [21] nach der Beziehung [22]

$$W_n = W_{11}^{(n-1)} \cdot W_{12} \quad \text{mit} \quad W_{11} = \frac{r_1[M_1]}{r_1[M_1] + [M_2]},$$

$$W_{12} = 1 - W_{11},$$

wonach W_n die Wahrscheinlichkeit bedeutet, daß eine Sequenz von n gleichen Monomereinheiten im Copolymerisat gebildet wird, ergab die in Bild 2 dargestellten Ergebnisse.

Daraus geht hervor, daß bei einer Copolymerzusammensetzung AN/IB von 66,8/33,2 nur noch 1,6% der Acrylnitrileinheiten in Acrylnitrilsequenzen der Länge $n \geqq 7$ vorliegen. Es ist nicht bekannt, welcher prozentuale Anteil der Nitrilgruppen, der in den Sequenzen $n \geqq 7$ gebunden ist, reagieren muß, um eine Verfärbung zu bewirken. Die „Mindestkonzentration" des Comonomeren, ab der ein meßbarer Stabilitätsgewinn auftritt, kann aus diesen Berechnungen nicht abgeleitet werden.

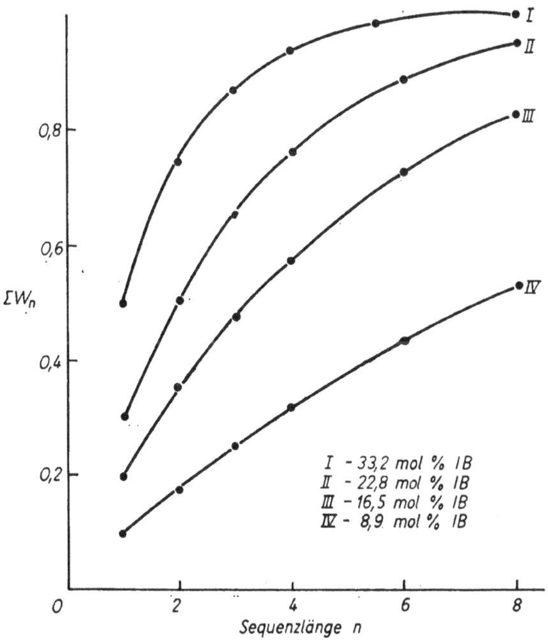

Bild 2. Integrale Sequenzlängenverteilung der Acrylnitril-Sequenzen von chemisch-einheitlichen AN/IB-Copolymerisaten ($r_1 = 1{,}02$; $r_2 = 0{,}001$)

3.1.2. *Thermische Verfärbung von Acrylnitril/Isobutylen-Copolymerisaten*

Die Aufgabe, den Einfluß des Isobutylens auf die Verfärbungsgeschwindigkeit festzustellen, erforderte den Ausschluß von Einflußgrößen, die gleichfalls in die Verfärbungsreaktion direkt oder indirekt eingreifen können, wie z. B. Endgruppen durch Regler, Lösungsmittel und Initiatoren.

Die Abhängigkeit des leukometrisch bestimmten Reflexionsgrades vom Comonomergehalt nach der Temperung im Temperaturbereich 175 bis 215 °C und einer Belastungszeit von 30 bzw. 60 min zeigt das Bild 3. Entgegen den Erwartungen sinkt der Reflexionsgrad mit wachsendem Gehalt an Isobutylen stark ab, durchläuft bei ca. 20 mol-% IB ein Minimum und steigt danach wieder leicht an. Das Minimum, das in allen drei Kurven erkennbar ist, weist auf zwei gegensätzliche Einflüsse des Isobutylens auf die Verfärbungsgeschwindigkeit hin.

Die Tendenz zur Stabilisierung des Comonomeren ist erst bei einem Gehalt > 20 mol-% IB meßbar, wobei der Stabilitätsgewinn jedoch nur gering ist. Die Beständigkeit des Homopolymerisats wird im untersuchten Konzentrationsbereich von keinem Copolymerisat erreicht.

Die Erhöhung der Verfärbungsgeschwindigkeit bis ca. 20 mol-% IB kann durch die Reflexionsgradmessungen allein nicht geklärt werden. Hypothetisch bestehen folgende Möglichkeiten der Einflußnahme des Comonomeren auf die Verfärbungsreaktion:

1. Die Nitrilgruppenoligomerisation verläuft nach einem radikalischen Mechanismus. Isobutylen begünstigt möglicherweise die Bildung von radikalischen Initiierungszentren bei erhöhten Temperaturen durch Hauptkettenspaltung.
2. Isobutylen begünstigt die Bildung von Strukturanomalien während der Polymerisation. Diese Strukturanomalien sind Initiatoren der Nitriloligomerisation.

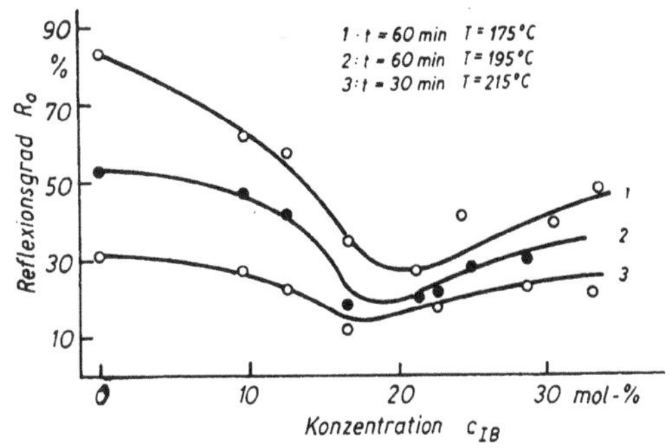

Bild 3. Abhängigkeit des Reflexionsgrades vom Isobutylengehalt in Acrylnitril/Isobutylen-Copolymerisaten bei thermischer Belastung

Tabelle 1. Abnahme der relativen Konzentration der Nitrilgruppen und des Reflexionsgrades während der Temperung ($T = 175\,°C$)

Belastungszeit min	Verfärbung	Reflexionsgrad %	Extinktion E_{2246}
—	weiß	92,0	0,5378
120	hellgelb	59,9	0,5366
240	gelb	50,7	0,5340

3. Das Isobutylen erhöht die Flexibilität der steifen Polyacrylnitrilkette, wodurch für den Reaktionsablauf notwendige Konformationsumwandlungen energetisch begünstigt werden. Es vergrößert sich die Wachstumsgeschwindigkeit der Nitriloligomerisation.

Es ist wesentlich zu wissen, welcher Anteil der oligomerisationsfähigen Nitrilgruppen unter den angeführten Temperbedingungen reagiert hat. Aus der Tabelle 1 geht hervor, daß bei einem Copolymerisat mit 11 mol-% IB die Extinktion an der Nitrilbande nach 4 h Belastungszeit bei 175 °C um weniger als 1% abnimmt, d. h., daß nur ein verschwindend kleiner Anteil der vorhandenen Nitrilgruppen reagieren muß, um das Polyacrylnitril zu verfärben.

3.1.3. Einfluß der Vorbehandlung auf die thermische Verfärbung

Ziel der Untersuchungen war es, den direkten Einfluß von Isobutylen auf die Verfärbung der AN-Copolymerisate festzustellen und zu überprüfen, inwieweit bei den Substanzpolymerisaten eingeschlossene Initiatorreste und Radikale das thermische Verhalten beeinträchtigen.

Wir wandten zwei Vorbehandlungsverfahren der Polymeren mit anschließender Temperung und Reflexionsgradmessung an. Ein Copolymerisat mit 12,5 mol-% IB wurde in DMF gelöst, die Lösung halbiert und die eine Hälfte in Methanol wieder ausgefällt. Der andere Teil der Lösung wurde mit 10^{-2} mol AIBN/mol AN versetzt, durchmischt, ebenfalls in Methanol gefällt und nach gründlicher Trocknung (48 h bei 40 °C im Vakuumtrockenschrank) beide vorbehandelten Produkte bei 175 °C 120 min getempert. Eine Voruntersuchung zeigte, daß der in DMF gelöste Initiator bei Zugabe von Methanol nicht ausfällt. Damit ist gesichert, daß der Initiator lediglich durch Mitfällung in das auszufällende Polymerisat eingeschlossen wird.
Dasselbe Polymerisat wurde außerdem in ungelöstem Zustand mit AIBN in einer Schlagmühle (5 min Mahldauer) intensiv vermischt und dann getempert. In beiden Fällen zeigten die Reflexionsgradmessungen (vgl. Tabelle 2), daß der Initiatorzusatz die Thermostabilität der Produkte beträchtlich herabsetzt. Der Reflexionsgrad der in DMF gelösten Probe lag um ca. 20% niedriger als der der unbehandelten. Das Lösungsmittel wurde vom Polymeren relativ fest gebunden [23] und erhöhte die Verfärbungsgeschwindigkeit [9]. Das in DMF gelöste und mit Initiator versetzte Polymere besitzt die geringste Stabilität.

Mit diesen Versuchen ist hinreichend bewiesen, daß der Initiator in die Verfärbungsreaktion eingreifen kann. Durch eine gegenläufige Behandlung des Polymeren, d. h. durch Zerstörung bzw. Entfernung solcher Verfärbungsinitiatoren, sollte eine Erhöhung der Verfärbungsbeständigkeit erreichbar sein.

Tabelle 2. Einfluß von Zusätzen auf die thermische Verfärbung eines AN/IB-Copolymerisates mit 12,5 mol-% *IB* ($T = 175\,°C$; $t = 120$ min)

Vorbehandlung	R_0 %
ohne	55,5
Polymeres in DMF gelöst und in Methanol gefällt	33,9
Polymeres in DMF gelöst und mit AIBN (10^{-2} mol/mol AN) versetzt, in Methanol gefällt	23,4
Polymeres mit 2 Masse-% AIBN vermahlen	53,2
Polymeres mit 5 Masse-% AIBN vermahlen	47,3

Das darauf zu untersuchende Polymerisat wurde in Wasser suspendiert und auf 95 °C erhitzt (Halbwertszeit des AIBN bei dieser Temperatur $\tau = 17$ min [24]). Wir verwendeten ein thermisch anfälliges Polymerisat mit 13,6 mol-% IB. Gerade bei diesem sollte ein maximaler Stabilitätsgewinn nach der Vorbehandlung zu erwarten sein, wenn Verunreinigungen der genannten Art im Polymeren vorhanden sind. Die Streuung der Meßwerte der vorbehandelten und getemperten Polymerisate in der Tabelle 3 liegt innerhalb des Fehlerbereichs. Danach ist anzunehmen, daß die steigende Verfärbung der Copolymerisate mit steigendem IB-Gehalt auf das Comonomere zurückzuführen ist.

Tabelle 3. Einfluß der Vorbehandlung auf die thermische Verfärbung (*AN/IB-CP mit* 13,6 mol-% *IB*)

Vorbehandlung: $T = 95\,°C$,
Temperung: $T = 195\,°C$, $t = 60$ min

Vorbehandlung	Reflexionsgrad R_0 in % vor der Temperung	Reflexionsgrad R_0 in % nach der Temperung
—	90,1	19,6
60 min in Wasser	77,0	16,4
60 min in 0,1% HCl	84,8	19,7
60 min in 0,4% HCl	86,1	18,3
120 min in 0,4% HCl	89,6	16,8
180 min in 0,4% HCl	88,4	18,7

3.2. Einfluß von ionischen Comonomeren auf die thermische Verfärbung

Die untersuchten sulfonatgruppenhaltigen Terpolymersysteme enthielten neben Acrylnitril und Isobutylen Allylsulfonsäure (AS), Butylammoniumallylsulfonat (BAAS), Dimethylammoniumallylsulfonat (DMAS) und Triäthylammoniumallylsulfonat (TÄAS) im Konzentrationsbereich 0 bis 1,5 mol-%.

Bereits ab einer Konzentration von > 0,4 mol-% an Sulfonat war eine stärkere Verfärbung der getemperten sulfonatgruppenhaltigen Terpolymeren im Vergleich zu den binären Copolymeren mit gleichem Isobutylengehalt beobachtbar. Die „Mindestkonzentration" der Sulfonate, bei der ein meßbarer Reflexionsgradabfall auftritt, der auf das Sulfonat zurückzuführen ist, liegt somit im Vergleich zu den nichtionischen

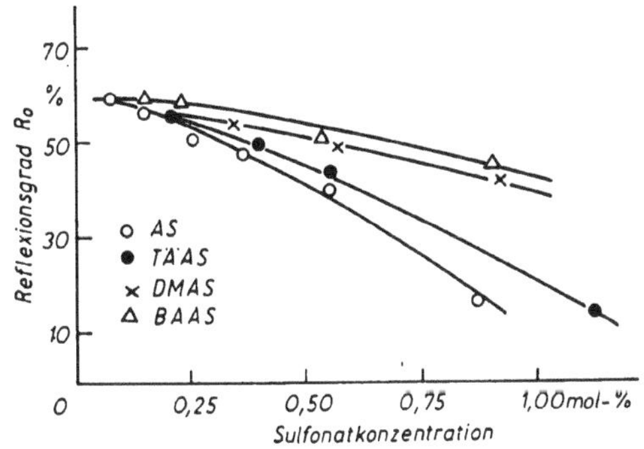

Bild 4. Thermische Verfärbung von Acrylnitril/Isobutylen/Sulfonat-Terpolymeren in Abhängigkeit von der Sulfonatart und -konzentration (T = 175 °C, t = 120 min)

Comonomeren um eine Zehnerpotenz niedriger. Das ist möglicherweise auf einen anderen Reaktionsmechanismus der Verfärbungsreaktion bei den sulfonathaltigen Terpolymeren zurückzuführen. Wie aus dem Bild 4 hervorgeht, begünstigen die Sulfonate in der Reihe

$$\text{BAAS} < \text{DMAS} < \text{TÄAS} < \text{AS}$$

in zunehmendem Maße die Verfärbung. Die wachsende Verfärbungsneigung mit steigendem Gehalt an AS stimmt mit den Ergebnissen von *Ulbricht* und *Makschin* [8] überein, die bei der Untersuchung von Copolymerisaten des Acrylnitrils mit sauren Comonomeren zu denselben Ergebnissen kamen. Der unterschiedliche Einfluß der Sulfonate ist überraschend, denn die Salze der Sulfonsäuren zeigen infolge der Mesomeriefähigkeit des Anions keine nucleophile Aktivität. Es wäre zu erwarten, daß die Reflexionsgrade der BAAS-, DMAS- und TÄAS-haltigen Terpolymeren annähernd gleich sein sollten. Die großen Differenzen der Reflexionsgrade hingegen weisen auf eine Mitwirkung der primären, sekundären und tertiären Ammoniumkationen an der Verfärbungsreaktion hin.

Die BAAS-haltigen Polymerisate wurden mit 5%-iger NaOH 120 min bei Siedetemperatur behandelt. Nach *Keil* [25] kann aus den an diesen Polymeren durchgeführten Färbeversuchen geschlossen werden, daß nach dem Ionenaustausch praktisch quantitativ ein Na-Allylsulfonat enthaltendes Polymerisat vorliegt. Nach der Temperung und Reflexionsgradmessung der vorbehandelten Polymerisate ist eine Erhöhung des

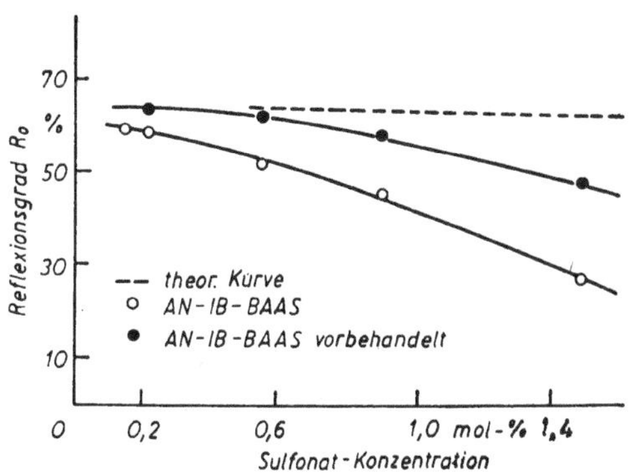

Bild 5. Einfluß der Vorbehandlung BAAS-haltiger Terpolymerisate auf die thermische Verfärbung (T = 175 °C, t = 120 min)

Reflexionsgrades zu verzeichnen (Bild 5). Die mit NaOH vorbehandelten Polymerisate zeigen eine Erhöhung des Reflexionsgrades um 15 bis 20% im Vergleich zu den nicht vorbehandelten. Theoretisch ist zu erwarten, daß der Reflexionsgrad vom Gehalt an Na-Allylsulfonat unabhängig wird (gestrichelte Kurve in Bild 5). Daß diese Gerade nicht erreicht wird, liegt daran, daß mit steigendem Sulfonatgehalt ebenfalls ein leichter Anstieg des Gehaltes an Isobutylen im Polymeren gefunden wird.

Der durch eine Vorbehandlung mit NaOH erzielbare Stabilitätsgewinn der sulfonatgruppenhaltigen Polymeren ist auf den Austausch der die Verfärbung fördernden Ammoniumkationen gegen Natriumionen zurückzuführen.

3.3. *Differentialthermoanalytische und IR-spektroskopische Untersuchungen*

3.3.1. *Polyacrylnitril*

Der im DTA-Thermogramm von Polyacrylnitril in Abhängigkeit von der Aufheizgeschwindigkeit zwischen 270 und 350 °C auftretende charakteristische exotherme Peak, der auf die Nitriloligomerisation zurückzuführen ist [15], zeigt eine Wärmetönung von $\Delta H = 6{,}7 \pm 0{,}3$ kcal/mol AN. Für die Aktivierungsenergie dieser Reaktion wird nach der Methode von *Pilojan* [26] ein Wert von $E_A = 45{,}6$ kcal/mol AN erhalten.

Bei 200 °C langzeitig getemperte Polyacrylnitrilproben zeigen ein vom ungetemperten PAN abweichendes DTA-Verhalten. Mit zunehmender Temperzeit nimmt die exotherme Wärmetönung ab (Bild 6). Nach 50 h Temperung ist der exotherme Peak noch auswertbar, während nach 70 h Belastung das DTA-Thermogramm praktisch der Nullinie gleicht. Infolge der Peakverbreiterung sinkt bei den langzeitig getemperten Produkten die Genauigkeit der Bestimmung der Wärmetönung, da die Festlegung der Grundlinie erschwert ist und diese wiederum die Peakfläche maßgeblich beeinflußt.

In den von den getemperten Proben aufgenommenen IR-Spektren können die durch die Nitriloligomerisation neu entstehende Bande des Chromophors bei 1585 cm^{-1} bzw. die Valenzschwingung der Nitrilbande bei 2246 cm^{-1} zur Auswertung herangezogen werden. Wegen der ausgeprägten Empfindlichkeit des getemperten Polyacrylnitrils gegenüber Sauerstoff [18] beschränkten wir uns auf die Auswertung der Valenzschwingung der Nitrilbande. Die relative Konzentration der Nitrilgruppen (c_{rel} = Extinktion der Nitrilbande in getempertem PAN/Extinktion der Nitrilbande in ungetempertem PAN) in Abhängigkeit von der Temperzeit ist in Bild 7 dargestellt. Mit steigender Temperzeit wird die Abnahme der Extinktion der Nitrilbande zusehends geringer und strebt einem Grenzwert zu. Ein bestimmter Teil der Nitrilgruppen ist offensichtlich nicht in der Lage, an der Nitriloligomerisation teilzunehmen. *Noh* und *Yu* [27] führen diesen Restnitrilgehalt darauf zurück, daß, durch die intramolekulare Eigeninitiierung bedingt, pro Initiierungsschritt eine nichtreaktionsfähige Nitrilgruppe gebildet wird. Auf der Grundlage der von diesen Autoren bestimmten Reaktion erster Ordnung ist es möglich, den nichtreaktionsfähigen Anteil der Nitrilgruppen (c_r) zu berechnen. Durch Auftragen von $-\lg (c_{rel} - c_r/1 - c_r)$ über der Temperzeit t bestimmten

Faserforschung und Textiltechnik 26 (1975) Heft 1
Zeitschrift für Polymerforschung

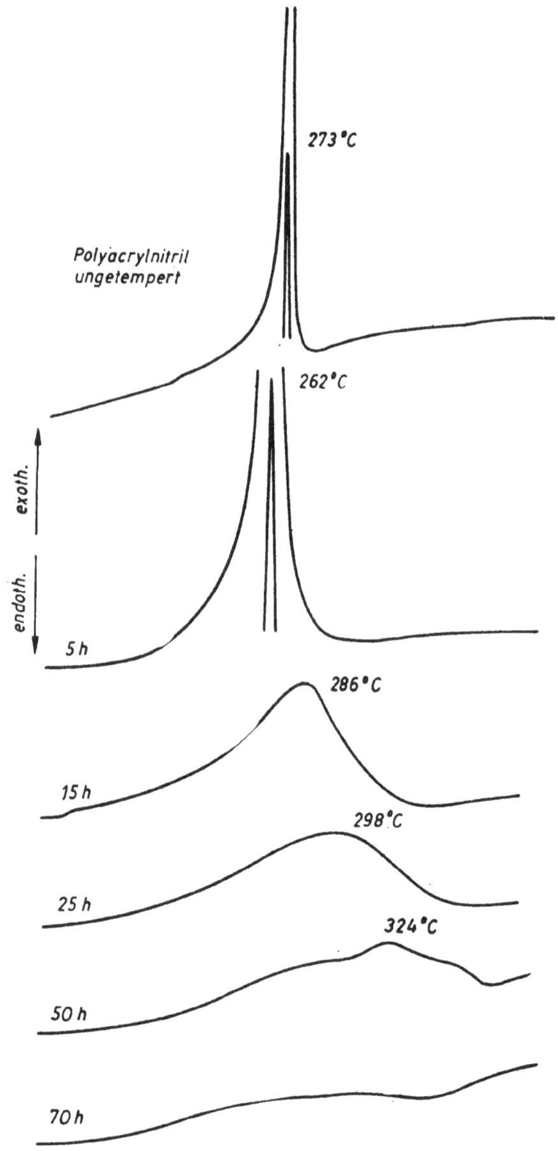

Bild 6. DTA-Thermogramme von Polyacrylnitril in Abhängigkeit von der thermischen Vorbehandlung bei 200 °C

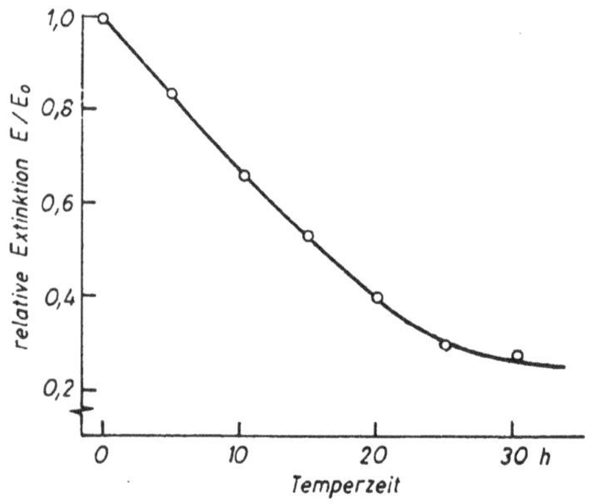

Bild 7. Abnahme der relativen Nitrilgruppenkonzentration in Abhängigkeit von der Temperzeit (Polyacrylnitril, $T = 200\,^\circ$C)

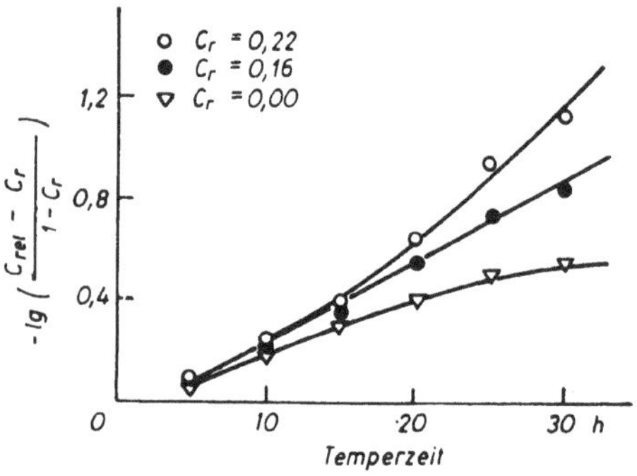

Bild 8. Graphische Bestimmung der Restnitrilkonzentration durch Variation von c_r ($T = 200\,^\circ$C)

wir unter Verwendung des aus Bild 7 ermittelten Näherungswertes von $c_r \approx 0{,}20$ und Variation der Restnitrilkonzentration aus Bild 8 $c_r = 0{,}16$. Bei diesem Wert ergeben die Meßwerte nach dieser Auftragung eine Gerade.

Nach einer Rechnung von *Noh* u. a. [27] am Modell werden 20% der Nitrilgruppen beim Initiierungsschritt und 60% in der Wachstumsreaktion verbraucht, während 20% der Nitrilgruppen nicht reaktionsfähig sind. Demnach sind an der Wachstumsreaktion durchschnittlich nur vier Nitrilgruppen pro Initiierungsschritt beteiligt. Neben der Eigeninitiierung werden auch dann isolierte, nicht reaktionsfähige Nitrilgruppen gebildet, wenn von zwei unmittelbar benachbarten Initiierungszentren gegenläufige Wachstumsreaktionen ausgehen. Analog hierzu wird auch bei der Dehydrochlorierung von Polyvinylchlorid die theoretisch abspaltbare HCl-Menge (100%) nicht erreicht.

Der beschriebene, nicht quantitative Umsatz der Nitrilgruppen macht eine Korrektur des eingangs angegebenen Wertes der Reaktionsenthalpie von $\Delta H = 6{,}7 \pm 0{,}3$ kcal/mol AN erforderlich. Unter Berücksichtigung des maximal erreichbaren Umsatzes von $\approx 80\%$ ergibt sich eine korrigierte Reaktionsenthalpie der Nitrilgruppenoligomerisation von $\Delta H_k = 8{,}4 \pm 0{,}4$ kcal/mol AN. *Turner* [28] gibt nach Werten von *Coates* [29] eine berechnete Reaktionswärme von 5 bis 10 kcal/mol AN an.

3.3.2 *Acrylnitril/Isobutylen-Copolymerisate*

Das Bild 9 zeigt die DTA-Thermogramme von Acrylnitril/Isobutylen-Copolymerisaten. Auf die nochmalige Darstellung des Thermogramms von Polyacrylnitril wurde verzichtet (vgl. Bild 6).

Der charakteristische schmale, exotherme Peak mit einem Maximum bei 273 °C wird mit steigendem Comonomergehalt zunächst geringfügig zu tieferen Temperaturen verschoben. Bei einem Comonomergehalt > 10 mol-% verschiebt sich das Maximum der exothermen Reaktion dagegen zu höheren Temperaturen. Diese Maximumverschiebung darf nicht mit einer Erhöhung der thermischen Beständigkeit im Sinne einer Erhöhung der Verfärbungsbeständigkeit interpretiert werden. Eine solche Aussage steht im Widerspruch zu den Ergebnissen der Reflexionsgradmessungen.

Dem Bild 9 ist ferner zu entnehmen, daß die exotherme Wärmetönung mit steigendem Comonomergehalt linear abnimmt. Aus der durch eine Regressionsrechnung ermittelten Geradengleichung wurde der Comonomergehalt, bei dem der exotherme Peak nicht mehr nachweisbar ist, zu $\geqq$ 23,4 mol-% IB bestimmt. Die schnelle Reduzierung des exothermen Peaks mit steigendem Comonomergehalt führen wir im wesentlichen auf zwei Ursachen zurück:

1. Die durch die Copolymerisation mit Isobutylen gebildeten kurzen Acrylnitrilsequenzen zeigen im Vergleich zu den längeren Acrylnitrilsequenzen eine verminderte Reaktionswahrscheinlichkeit, wodurch der maximale Umsatz der Nitrilgruppen erheblich reduziert und der Restnitrilgehalt erhöht wird.

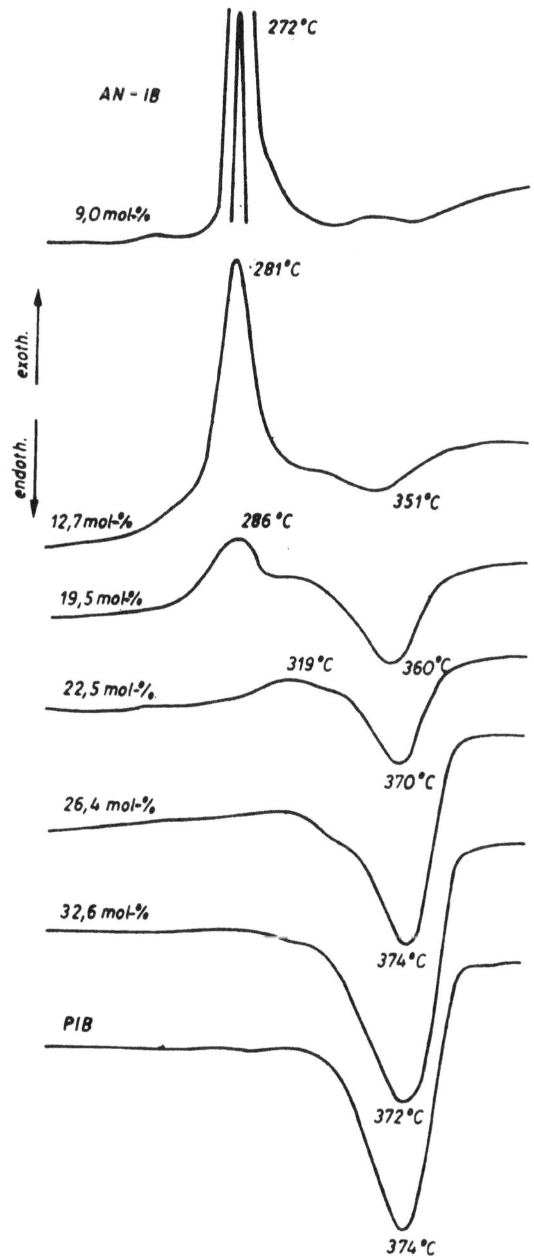

Bild 9. DTA-Thermogramme von Acrylnitril/Isobutylen-Copolymerisaten in Abhängigkeit vom Isobutylengehalt

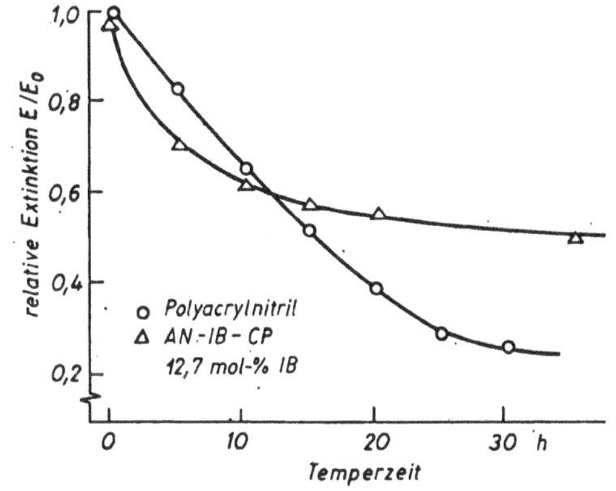

Bild 10. Abhängigkeit der relativen Nitrilgruppenkonzentration von der Belastungszeit (T = 200 °C)

2. Parallel zu der Abnahme des exothermen Peaks erscheint ein mit steigendem Comonomergehalt sich vergrößernder endothermer Peak im DTA-Thermogramm. Diese endotherme Reaktion ist für Polyisobutylen charakteristisch und weist auf Kettenspaltungsreaktionen und Depolymerisation hin. Diese endotherme Reaktion wird im DTA-Thermogramm ab 15 mol-% IB auswertbar. Ein Plateau zwischen beiden Peaks gestattet eine quantitative Auswertung, weil die Peakflächen nicht durch Überlagerung beider Peaks verfälscht werden. Da sich der exotherme Peak mit steigendem Comonomergehalt jedoch zu höheren Temperaturen verschiebt, ist ab 20 mol-% IB eine sichere Bestimmung beider Wärmetönungen nicht mehr möglich. Die ermittelten Wärmetönungen sind deshalb sowohl für den endo- als auch für den exothermen Peak zu niedrig, da zwischen beiden eine Teilkompensation erfolgt.

Ähnlich den isothermen Temperungen beim Polyacrylnitril verfolgten wir auch für AN/IB-Copolymerisate die Geschwindigkeit der Nitriloligomerisation IR-spektroskopisch nach der Temperung bei 200 °C. Für ein Copolymerisat mit 12,7 mol-% IB ergibt sich die im Bild 10 dargestellte Abhängigkeit der Abnahme der relativen Nitrilgruppenkonzentration von der Belastungszeit. Der Wert der experimentell bestimmten Restnitrilkonzentration liegt in der Größenordnung von 45% ($c_r \approx 0{,}45$). Wie bereits beim Polyacrylnitril beschrieben, erfolgte die genaue Bestimmung graphisch durch Variation von c_r. Der nach dieser Methode erhaltene Restnitrilgehalt beträgt $c_r = 0{,}50$.

Dem Bild 10 ist weiterhin zu entnehmen, daß im Zeitintervall 0 bis 10 h die Extinktionsabnahme der Nitrilbande des Copolymerisates größer als die beim Polyacrylnitril ist. Das bedeutet, daß in den Copolymerisaten die Nitriloligomerisation mit einer größeren Bruttogeschwindigkeit erfolgt. Diese Aussage steht in Übereinstimmung mit der aus den Reflexionsgradmessungen bestimmten Zunahme der Verfärbungsgeschwindigkeit mit steigendem Comonomergehalt.

3.3.3. Acrylnitril/Isobutylen/Sulfonat-Terpolymere

Nach den Ergebnissen der Reflexionsgradmessungen sollten die sulfonatgruppenhaltigen Terpolymeren ein von dem binären System abweichendes Verhalten bei der differentialthermoanalytischen Untersuchung zeigen.

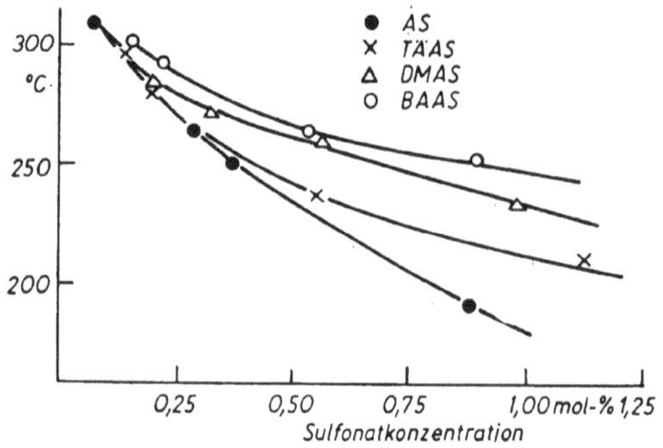

Bild 11. Temperaturabhängigkeit des Beginns der exothermen Reaktion von Acrylnitril/Isobutylen/Sulfonat-Terpolymeren von Sulfonatart und -gehalt

Der Beginn der exothermen Reaktion verschiebt sich mit steigendem Sulfonatgehalt deutlich zu tieferen Temperaturen, während das Maximum dieses Peaks nicht bzw. nur unwesentlich beeinflußt wird. In Bild 11 sind die aus den Thermogrammen ermittelten Temperaturen des Beginns der exothermen Reaktion in Abhängigkeit vom Sulfonatgehalt und der Sulfonatart aufgetragen worden, woraus die Reaktivitätsreihe

$$\text{AS} > \text{TÄAS} > \text{DMAS} > \text{BAAS}$$

folgt. Diese stimmt mit der aus den Reflexionsgradmessungen abgeleiteten überein.

Interessant ist auch die Tatsache, daß das Maximum der exothermen Reaktion bei allen untersuchten Terpolymeren keine eindeutige Abhängigkeit vom Solfonatgehalt zeigt. Das läßt darauf schließen, daß der Reaktionsverlauf in unmittelbarer Nähe des Maximums nicht bzw. nur in untergeordnetem Maße von den Sulfonaten katalysiert wird. Die Sulfonate wirken bereits bei tieferen Temperaturen, erkennbar an der Abhängigkeit des Beginns der exothermen Reaktion vom Sulfonatgehalt, als Initiatoren der Nitrilgruppenoligomerisation.

3.4. *Bestimmung von β-Iminonitrilen*

Bei der Auswertung der Reflexionsgradmessungen diskutierten wir eine mögliche Erhöhung der Initiierungsgeschwindigkeit der Nitriloligomerisation auf der Grundlage eines erhöhten Gehaltes von Initiierungszentren (Strukturanomalien) in den Copolymerisaten. Bei Untersuchung einer möglichen Abhängigkeit der β-Iminonitrilkonzentration vom Comonomergehalt fanden wir den im Bild 12 dargestellten Zusammenhang. Die aufgetragenen Extinktionen beziehen sich auf eine Einwaage von konstantem Acrylnitrilgehalt.

Da von *Brandrup* [30] der Extinktionskoeffizient der durch Verseifen der β-Iminonitrile erhaltenen Enol-Form der β-Ketonitrilgruppierung angegeben wird, läßt sich die Konzentration der β-Iminonitrile in Polyacrylnitril abschätzen. Wir fanden, daß ca. jede fünfhundertste Monomereinheit eine solche Strukturanomalie ausbildet. Wird ein mittlerer Annelierungsgrad des Chromophors von sieben zugrunde gelegt, bedeutet das, daß durch die Iminonitrile ein Umsatzgrad der Nitrilgruppen von ca. 1% erreicht werden kann, der nach unseren Ergebnissen zur Verfärbung des Polyacrylnitrils ausreichend ist.

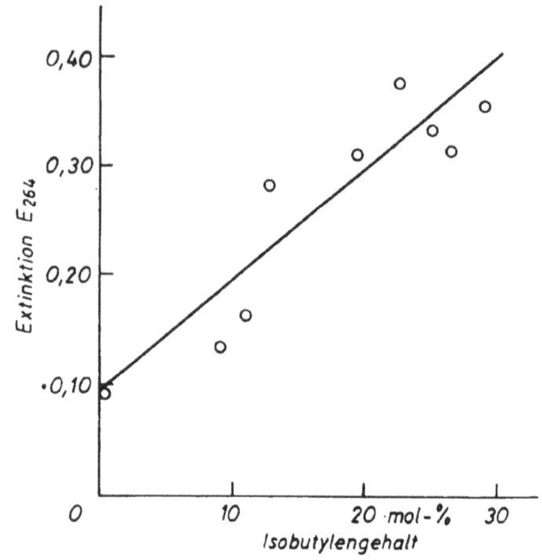

Bild 12. Abhängigkeit der Extinktion der Bande bei $\lambda = 264$ nm vom Isobutylengehalt in AN/IB-Copolymerisaten

3.5. *Zusammenfassende Diskussion*

Die Ergebnisse der Reflexionsgradmessungen lassen sich auf der Basis des eingangs beschriebenen Reaktionsmechanismus zwar für die sulfonatgruppenhaltigen Polymeren, nicht jedoch für die Copolymerisate mit nicht-ionischen Comonomeren interpretieren. Die beschleunigende Wirkung der Sulfonate ergibt sich aus folgenden Gesichtspunkten:

1. Die Allylsulfonsäure initiiert auf Grund ihrer nucleophilen Aktivität die Verfärbungsreaktion.
2. Die Sulfonatsalze beeinflussen in Abhängigkeit vom Kation die thermische Verfärbung in der Reihe Natrium- < Butylammonium- < Dimethylammonium- < Triäthylammoniumkation.

Die Ammoniumsulfonate verlieren beim Übergang vom primären zum tertiären Amin zusehends ihren salzartigen Charakter. Bei erhöhten Temperaturen zerfallen sie in dieser Reihenfolge in Sulfonsäuren und Amine. Sowohl die Säure als auch die entstehenden freien Amine sind in der Lage, die Verfärbungsreaktion zu initiieren. Das heißt, daß die Ammoniumsulfonate *latente* Verfärbungsinitiatoren sind. Natriumsulfonate sind dagegen thermisch stabil. Deshalb beschleunigen Natriumsulfonate nicht die thermische Verfärbung von Acrylnitril-Copolymerisaten.

Werden dem Polymeren Radikalbildner zugesetzt, verfärbt sich das Polymere gleichfalls bei niedrigen Temperaturen. Diese Reaktion sollte nach einem radikalischen Mechanismus verlaufen, wie bereits früher durch *Okaya* [11] vermutet wurde. In Abwesenheit solcher Initiatoren wird im DTA-Thermogramm von Acrylnitril-Copolymeren dennoch ein exothermer Peak beobachtet, der mit großer Wahrscheinlichkeit infolge primärer Kettenspaltung und radikalischer Initiierung der Nitriloligomerisation entsteht. Für den radikalischen Mechanismus spricht der experimentelle Befund, daß bei Polyacrylnitril, dem vor der DTA-Aufnahme ein Radikalfänger (Diphenylpikrylhydrazyl) zugesetzt wird, der exotherme Peak zu höheren Temperaturen verschoben ist [31].

Die im Vergleich zu Polyacrylnitril für AN/IB-Copolymerisate ermittelte größere Bruttogeschwindigkeit der Nitriloligomerisation ist möglicherweise auf eine radikalische Initiierung zurückzuführen. Die Bindungsdissoziationsenergie in AN/IB-Diaden liegt unter der von AN/AN-Diaden [15], so daß erstere bevorzugte Spaltungszentren sein werden. Diese Abhängigkeit der Initiierungsgeschwindigkeit vom Comonomergehalt erklärt die erhaltenen experimentellen Ergebnisse.

Literatur

[1] *Houtz, R. C.:* „Orlon" acrylic fiber: chemistry and properties. Textile Res. J. **20** (1950) S. 786—801.
[2] *Grassie, N., Hay, N. J.,* und *McNeill, J. C.:* Coloration in acrylonitrile and methacrylonitrile polymers. J. Polymer Sci. **31** (1958) S. 205—206.
[3] *Schurz, J.:* Discoloration effects in acrylonitrile polymers. J. Polymer Sci. **28** (1958) S. 438—439.
[4] *Berlin, A. A., Dubinskaja, A. M.,* und *Moskowskij, J. S.:* Thermische Behandlung von in Dimethylformamid gelöstem Polyacrylnitril. Vysokomol. Soed. (Hochmol. Verbind.) **6** (1964) S. 1938—1943.
[5] *Fester, W.:* Untersuchungen über die thermische Verfärbung von Polyacrylnitril I. UV- und IR-spektroskopische Untersuchungen. Textil-Rdsch., St. Gallen **20** (1965), S. 1—7.
[6] *Wöhrle, D.,* und *Manecke, G.:* Über die Polymerisation einfacher Nitrile. Makromol. Chemie **138** (1970) S. 283—287.
[7] *Grassie, N.,* und *McNeill, I. C.:* Thermal degradation of polymethacrylonitrile. V. The mechanism of the initiation step in coloration reaction. J. Polymer Sci. **39** (1959) S. 211—222.
[8] *Ulbricht, J.,* und *Makschin, W.:* Investigations on thermal discolouration of polyacrylonitrile. Europ. Polymer J. — Supplement (1969) S. 389—393.
[9] *Grassie, N.,* und *Hay, N. J.:* Thermal coloration and insolubilization in polyacrylonitrile. J. Polymer Sci. **56** (1962) S. 189—202.
[10] *Friedlander, H. N., Peebles, L. H., Brandrup, J.,* und *Kirby, J. R.:* On the chromophore of polyacrylonitrile. VI. Mechanism of color formation in polyacrylonitrile. Macromolecules, Washington **1** (1968) S. 79—86.
[11] *Okaya, T., Yoshida, H., Hayashi, K.,* und *Okamura, S.:* ESR-study on trapped radicals in inhomogenously polymerized acrylonitrile. Kobunshi Kagaku, Tokio (Chem. High Polymers) **21** (1964) S. 358—361.
[12] *Grassie, N.,* und *McGuchan, R.:* Pyrolysis of polyacrylonitrile and related polymers. III. Thermal analysis of preheated polymers. European Polymer J. **7** (1971) S. 1357—1371.
[13] *Smith, P., Muller, N.,* und *Torsch, W. C.:* Kinetics of thermal decomposition of dimethyl-n-(2cyano-2propyl)-ketenimin by NMR-spectroscopy. J. Polymer Sci. **57** (1962) S. 823—835.
[14] *Ulbricht, J.,* und *Makschin, W.:* Untersuchungen zur thermischen Verfärbung des Polyacrylnitrils. Faserforsch. u. Textiltechnik **20** (1969) S. 170—178.
[15] *Thamke, W.:* Untersuchungen zum Schmelzverhalten und zur Thermostabilität von Polyacrylnitril und Acrylnitril-Copolymeren. Dissertation TU Dresden, Sektion Chemie 1973.
[16] *Pimenov, G. G.,* und *Maklakov, A. I.:* NMR-Untersuchungen an pyrolisiertem Polyacrylnitril. Dokl. Akad. Nauk SSSR (Ber. Akad. Wiss. UdSSR) **157** (1964) S. 1413—1415.
[17] *Drabkin, I. A.,* und *Rosenschön, L. D.:* Über den Mechanismus der thermischen Umwandlung des Polyacrylnitrils. Dokl. Akad. Nauk SSSR (Ber. Akad. Wiss. UdSSR) **154** (1964) S. 197—199.
[18] *Ulbricht, J.,* und *Makschin, W.:* Untersuchungen zur thermischen Verfärbung des Polyacrylnitrils. Dehydrierungsreaktionen an Polyacrylnitril. Faserforsch. u. Textiltechnik **22** (1971) S. 381—388.
[19] *Peebles, L. H.,* und *Brandrup, J.:* A chemical means of distinguishing between conjugated $\lbrace\overset{|}{C}=\overset{|}{C}\rbrace_x$ and conjugated $\lbrace\overset{|}{C}=N\rbrace$ bonds. Makromol. Chemie **98** (1966) S. 189—203.
[20] *Brandrup, J.,* und *Peebles, L. H.:* On the chromophore of polyacrylonitrile. IV. Thermal oxidation of polyacrylonitrile and other nitrile containing compounds. Macromolcules, Washington **1** (1968) S. 64—72.
[21] *Adler, H. J.:* Versuche zur Herstellung erweichbarer Acrylnitril-Olefin-Copolymerisate durch radikalische Substanzpolymerisation. Dissertation TU Dresden, Sektion Chemie 1971.
[22] *Ham, C. E.:* Copolymerisation. New York: Interscience Publishers 1964.
[23] *Nestler, H.,* und *Mai, J.:* Zur Bestimmung von Dimethylformamidresten in Polyacrylnitrilfaserstoffen. Faserforsch. u. Textiltechnik **21** (1970) S. 307—309.
[24] *Moroni, A.:* Über den Einfluß des Lösungsmittels beim thermischen Zerfall des AIBN. Makromol. Chemie **105** (1967) S. 43—49.
[25] *Keil, M.:* Versuche zur Herstellung färbbarer Acrylnitril-Copolymerisate durch radikalische Substanzpolymerisation des ternären Systems Acrylnitril—Isobuten—ungesättigtes Sulfonat. Dissertation TU Dresden, Sektion Chemie, 1972
[26] *Schultze, D.:* Differentialthermoanalyse. Berlin: Deutscher Verlag d. Wissenschaften 1969.
[27] *Noh, I.,* und *Yu, H.:* Kinetics and statistics of structural changes in polyacrylonitrile. J. Polymer Sci., B: Polymer Letters **4** (1966) S. 721—726.
[28] *Turner, W. N.,* und *Johnson, F. C.:* The pyrolysis of acrylic fibre in inert atmosphere. J. appl. Polymer Sci. **13** (1969) S. 2073—2084.
[29] *Coates, G. E.,* und *Sutton, L. E.:* The heats of formation of the $-N=N-$ and $=C=N-$ bonds. J. chem. Soc. IV (1948) S. 1187—1196.
[30] *Brandrup, J.:* On the chromophore of polyacrylonitrile. V. The oxidytion of isobutyronitrile. Macromolecules, Washington **1** (1968) S. 72—79.
[31] *Grassie, N.,* und *McGuchan, R.:* Pyrolysis of polyacrylonitrile in the presence of additives. European Polymer J. **1** (1971) S. 1505—1514.

Eingegangen am 7. August 1974

Copolymerisation von Äthylen und Styrol mit Vanadinoxytrichlorid und Triäthylaluminium[1])

Andrzej Bledzki[2]) *und Joachim Ulbricht*

Technische Hochschule „Carl Schorlemmer" Leuna-Merseburg, Sektion Hochpolymere

DK 678.746.222—134.22:[66.095.3:678—13]:541.127.1.541.128:546.881.3'133.1:547.256.23'212

Es wurden die Polymerisationsgeschwindigkeit sowie die Zusammensetzung der gebildeten Copolymeren in Abhängigkeit von dem Konzentrationsverhältnis der Katalysatorkomponenten, von der Alterungszeit des Katalysators und von der Temperatur untersucht. Weiter wird über die Reaktivierung des Katalysatorsystems durch Hexachlorcyclopentadien berichtet. Neben der Reaktivierung des Katalysators wird gleichzeitig eine für die Verarbeitung der Copolymeren günstige Viskosität erreicht.

Сополимеризация этилена со стиролом в присутствии оксидхлорида ванадия и триэтилалюминия

Изучалась скорость полимеризации и состав образующихся сополимеров в зависимости от концентрационного соотношения компонентов катализатора, срока дезактивации катализатора и температуры. Сообщается о реактивации каталитической системы гексахлорциклопентадиеном. При этом помимо реактивации катализатора удается подучать сополимеры, вязкость которых оказывается благоприятной для их дальнейшей обработки.

Copolymerization of Ethylene and Styrene with Vanadium Trichloride and Triethyl Aluminium

The dependence of the rate of polymerization and copolymer composition on the concentration ratio of catalysts, ageing of catalysts and temperature have been investigated. The reactivation of the catalyst system by hexachlorcyclopentadiene was studied. Besides the reactivation of the catalyst the viscosity of the copolymers can be adapted to values required in processing.

1. Einleitung

Bei unseren früheren Arbeiten über die Copolymerisation von Äthylen und Styrol mit verschiedenen Ziegler/Natta-Katalysatoren war festgestellt worden, daß sich mit α-Titantrichlorid und Triäthylaluminium bei relativ geringen Polymerisationsgeschwindigkeiten Copolymere bilden, die bei einem maximalen Gehalt von 10% Styrol im Copolymeren große spezifische Viskositäten besitzen [1, 2, 3]. Wird die Übergangsmetallverbindung durch Titantetrachlorid oder vanadinhaltige Verbindungen ersetzt, dann entstehen bei größerer Reaktionsgeschwindigkeit Copolymere mit kleineren rel. Molekülmassen [4]. Letzteres wird im Hinblick auf die Verarbeitung der Copolymeren angestrebt. Einzelheiten über die Copolymerisationsversuche mit Vanadinoxytrichlorid und Triäthylaluminium werden nachstehend mitgeteilt.

2. Copolymerisationsgeschwindigkeit

Die Bruttopolymerisationsgeschwindigkeit der Copolymerisation wird wesentlich durch die Art und Konzentration der eingesetzten Aluminiumverbindung beeinflußt. Die Aluminiumalkyle dienen nach den derzeitigen Vorstellungen über den Reaktionsmechanismus dieser Katalysatorsysteme als Alkylierungsmittel der Übergangsmetallverbindung, wodurch es im weiteren Reaktionsverlauf zur Reduktion der letzteren kommt. Im Falle der Verwendung von Vanadinoxytrichlorid geht diese Reduktion über die Vanadin(III)-Stufe, die den polymerisationsaktiven Katalysator bildet, bis zur inaktiven Vanadin(II)-Stufe [5]. Bei den hier beschriebenen Copolymerisationsversuchen wurde als Aluminiumverbindung Triäthylaluminium gewählt, weil bei den früheren Untersuchungen mit Titantetrachlorid festgestellt worden war, daß Aluminiumtrialkyle für die Copolymerisation geeigneter als Aluminiumalkylhalogenide sind, weil durch letztere mit großer Geschwindigkeit hauptsächlich ataktisches Polystyrol gebildet wird [4]. Der in Bild 1 dargestellte Einfluß des Konzentrationsverhältnisses von Triäthylaluminium zu Vanadinoxytrichlorid zeigt, daß mit steigender Aluminium-

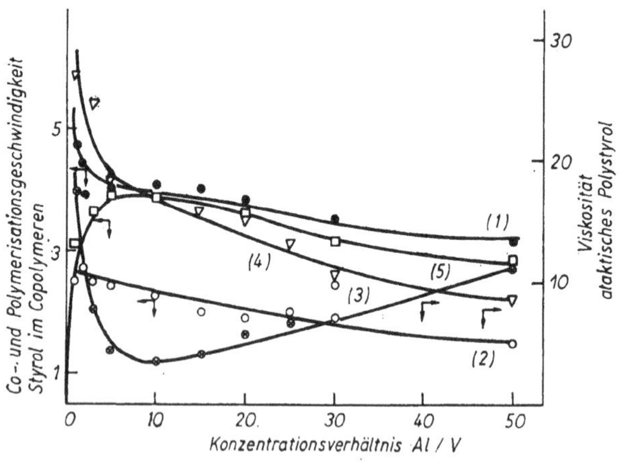

Bild 1. Einfluß des Konzentrationsverhältnis von Triäthylaluminium zu Vanadinoxytrichlorid (Al/V) auf die Copolymerisation

(1) Bruttopolymerisationsgeschwindigkeit ν_{Br} (g/h · mmol $VOCl_3$)
(2) mol-% Styrol im Copolymeren
(3) ataktisches Polystyrol (Masse-%)
(4) red. spez. Viskosität η sp/c (dl/g)
(5) Copolymerisationsgeschwindigkeit (ohne ataktisches Polystyrol) (g/h · mmol $VOCl_3$)

Polymerisationsbedingungen:
$VOCl_3$-Konzentration = 1,0 · 10^{-2} mol/l,
Styrol-Konzentration = 0,97 mol/l in Cyclohexan,
Temperatur: 60 °C, Alterungszeit: 1 min.

[1]) Vorgetragen auf dem 1. Internationalen Mikrosymposium „Fortschritte auf dem Gebiet der ionischen Polymerisation" vom 3. bis 5. Oktober 1972 in Jablonna, VR Polen.

[2]) Jetzt: Technische Hochschule Szczecin, VR Polen, Institut für chemische Technologie.

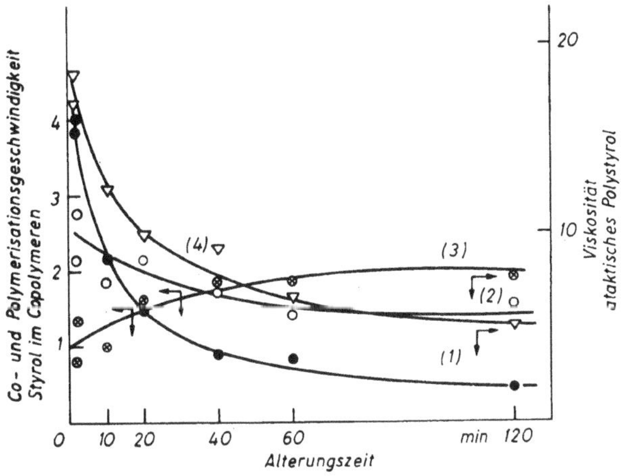

Bild 2. Einfluß der Alterungszeit auf die Copolymerisation. Bezeichnung (1) bis (4) und Polymerisationsbedingungen analog Bild 1, Al/V = 5

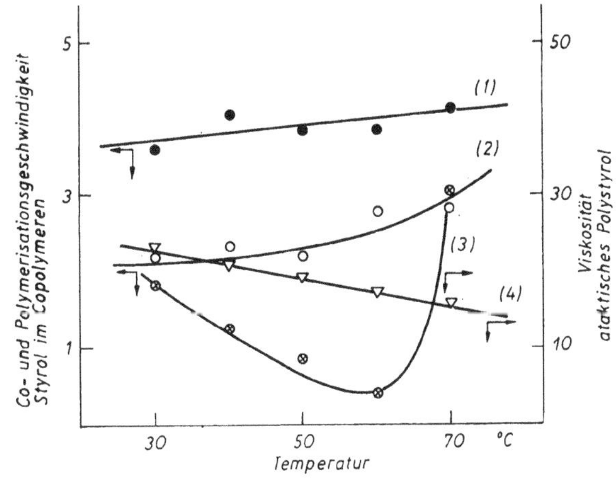

Bild 3. Einfluß der Temperatur auf die Copolymerisation. Styrolkonzentration = 2,97 mol/l, Bezeichnungen (1) bis (4) und Polymerisationsbedingungen analog Bild 1.

konzentration die Bruttopolymerisationsgeschwindigkeit abnimmt. Während der Anteil des in das Copolymere eingebauten Styrols sich nur geringfügig ändert, durchläuft die Menge des gebildeten ataktischen Polystyrols ein Minimum bei einem Al/V-Verhältnis von 10. Die Abnahme der Bruttopolymerisationsgeschwindigkeit muß man darauf zurückführen, daß mit zunehmender Aluminiumkonzentration die Reduktion und damit die Bildungsgeschwindigkeit der inaktiven zweiwertigen Vanadinverbindung zunimmt.

Einen entsprechenden Zusammenhang sieht man, wenn die Abhängigkeit der Bruttopolymerisationsgeschwindigkeit von der Alterungszeit des Katalysators betrachtet wird (Bild 2). Unter Alterungszeit wird die Zeit zwischen Mischen der Katalysatorkomponenten und Zusatz der Monomeren zum Reaktionsgemisch bezeichnet. Die Bruttopolymerisationsgeschwindigkeit nimmt bei konstantem Al/V-Verhältnis mit der Alterungszeit ab. Je länger der Zeitraum ist, während die Katalysatorkomponenten vor dem Monomerzusatz aufeinander einwirken, desto größer ist der Anteil des Vanadins, der zur inaktiven Wertigkeitsstufe reduziert wird, und desto geringer ist die Polymerisationsgeschwindigkeit. Auch hier ändert sich der Anteil des in das Copolymere eingebauten Styrols nur geringfügig, während die Viskosität der entstandenen Copolymeren mit der Alterungszeit abnimmt.

Aus den Versuchen folgt, daß die Aktivität des gebildeten Katalysatorsystems während der Polymerisation laufend abnimmt und nicht, wie es wünschenswert wäre, über einen längeren Zeitraum konstant ist. Infolge der abnehmenden Polymerisationsgeschwindigkeit muß man annehmen, daß die wachsenden Polymerketten nur eine kurze Lebensdauer besitzen. Dem Abbruch des Kettenwachstums folgt keine oder nur beschränkte Neubildung der Kette.

Die Reaktionstemperatur hat in dem hier untersuchten Bereich von +30 bis +70 °C nur einen geringen Einfluß auf die Bruttopolymerisationsgeschwindigkeit (Bild 3). Offensichtlich wird die mit der Temperatur zunehmende Katalysatoraktivität durch die gleichzeitig ansteigende Reduktionsgeschwindigkeit kompensiert.

Vergleicht man die Polymerisationsgeschwindigkeit mit dem früher untersuchten System von α-Titantrichlorid, so stellt man unter gleichen Reaktionsbedingungen mit dem Vanadinkatalysator eine größere Geschwindigkeit fest. Gleichzeitig nimmt jedoch der Anteil des in das Copolymere eingebauten Styrols geringfügig ab. In Bild 4 ist diese Abhängigkeit der Zusammensetzung des Copolymeren von der Zusammensetzung der Monomermischung dargestellt, die mit verschiedenen Übergangsmetallverbindungen erhalten wurde. Auch bei anderen Copolymerisationen ist ein Einfluß der Übergangsmetallverbindung auf die Copolymerisationszusammensetzung beobachtet worden [6, 7]. Wie aus unseren früheren Versuchen folgt, polymerisiert mit den hier benutzten Katalysatorsystemen Styrol langsamer als Äthylen. Daher nimmt vom Titantrichlorid über das Titantetrachlorid zum Vanadinoxytrichlorid mit abnehmendem Styrolgehalt im Copolymeren die Bruttopolymerisationsgeschwindigkeit zu.

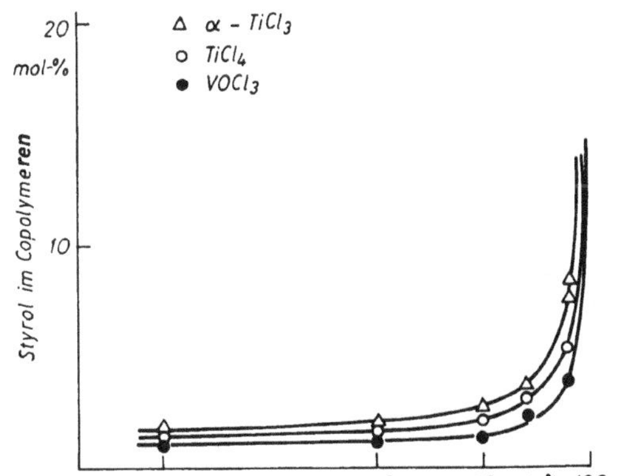

Bild 4. Copolymerisationsdiagramm Äthylen/Styrol bei Verwendung verschiedener Übergangsmetalle mit Triäthylaluminium als Katalysator. Polymerisationsbedingungen analog Bild 1.

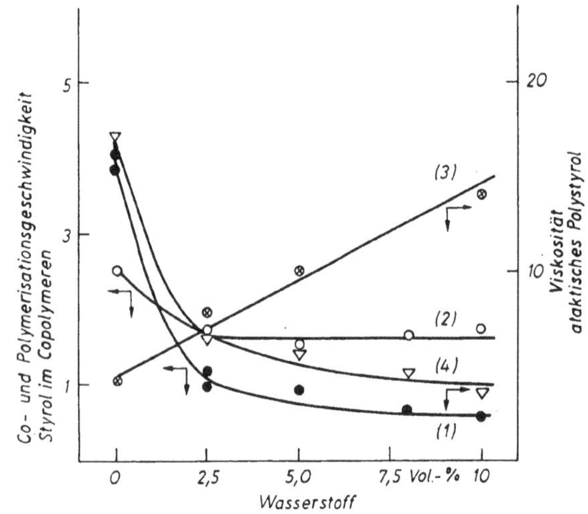

Bild 5. Einfluß des zugesetzten Wasserstoffs auf die Copolymerisation. Bezeichnung (1) bis (4) und Polymerisationsbedingungen analog Bild 1.

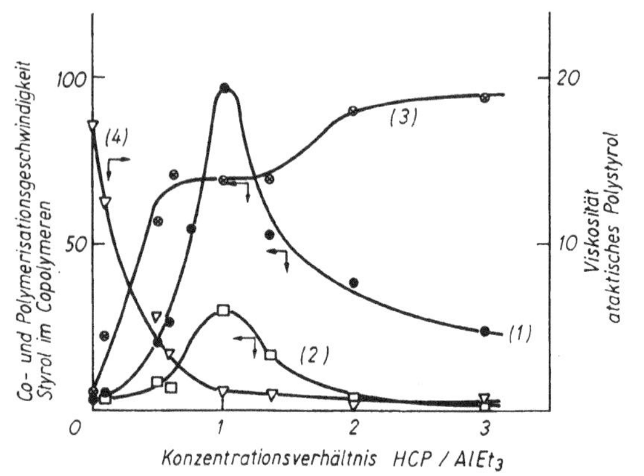

Bild 6. Einfluß des Konzentrationsverhältnis Hexachlorcyclopentadien und Triäthylaluminium ($HCP/AlEt_3$) auf die Copolymerisation. Bezeichnung (1) bis (4) und Polymerisationsbedingungen analog Bild 1, Zugabe des HCP 1 min nach Alterung

3. *Viskosität der Copolymeren*

Da die Zusammensetzung der Copolymeren sich nur wenig mit den Reaktionsbedingungen ändert, kann man die Viskosität der Copolymeren als ein Maß für die rel. Molekülmasse betrachten. Aus Bild 1 geht hervor, daß die Viskosität der Copolymeren mit steigender Konzentration der Aluminiumverbindung abnimmt. Es ist naheliegend, diesen Effekt auf die kettenübertragende Wirkung des Aluminiumalkyls zurückzuführen, das in steigendem Maße im Überschuß vorliegt. Auch mit zunehmender Temperatur nimmt die Viskosität der Copolymeren etwas ab (Bild 3).

Es zeigt sich, daß mit dem vorgegebenen Katalysatorsystem bei unterschiedlichen Reaktionsbedingungen keine Copolymeren erhalten werden konnten, deren reduzierte spezifische Viskosität kleiner als 3 dl/g ist, wie es jedoch für die thermoplastische Verarbeitung dieser Copolymeren erforderlich wäre. Daher wurde Wasserstoff als Kettenüberträger dem Reaktionsmedium zugesetzt, indem er dem Äthylen zugemischt wurde. Wie aus Bild 5 folgt, nimmt mit steigender Wasserstoffkonzentration, ohne daß sich die Copolymerenzusammensetzung wesentlich ändert, die Viskosität der Copolymeren, aber gleichzeitig auch die Copolymerisationsgeschwindigkeit ab. Bei 10 Vol.-% Wasserstoff im Äthylen wird eine Viskosität von etwa 3 dl/g erhalten, wobei allerdings die Bruttopolymerisationsgeschwindigkeit auf etwa 14% des Wertes absinkt, der ohne Wasserstoff erhalten wird. Außerdem steigt die Menge des gebildeten ataktischen Polystyrols an. Man muß daher annehmen, daß die aktiven Zentren des Katalysators, an denen die Übergangsreaktion erfolgt, nicht in jedem Fall für die Copolymerisation reaktiviert werden. Statt dessen bilden sie ataktisches Polystyrol.

4. *Reaktivierung des Katalysatorsystems*

Ein wesentlicher Nachteil der Vanadinoxytrichlorid enthaltenden Katalysatoren ist, wie aus vorstehenden Untersuchungen folgt, die schnelle Abnahme ihrer Polymerisationsaktivität. Durch Zusatz von chlorhaltigen Kohlenstoffverbindungen wie Hexachlorcyclopentadien oder Bis-trichlormethyl-benzol ist es möglich, Katalysatorkombinationen aus Vanadin- und Aluminiumalkylverbindungen sehr wirksam zu reaktivieren [5, 8]. Der Einfluß von Hexachlorcyclopentadien auf die Copolymerisation ist in Bild 6 dargestellt. Bei einem Verhältnis von Hexachlorcyclopentadien zu

Tabelle 1. Copolymerisation von Äthylen und Styrol mit $AlEt_3/VOCl_3$/Hexachlorcyclopentadien bei laufender Nachdosierung des Styrols

zugegebene Styrolmenge mol	v_{Brutto} g/h · mmol $VOCl_3$	v_{Cop} g/h · mmol $VOCl_3$	atakt. Anteile Masse-%	mol% Styrol im Copolymeren
0,15	43,02	6,76	84,3	3,3
0,10	38,25	8,14	78,7	2,7
0,05	18,24	8,68	52,3	3,6
0,035	10,85	8,84	18,4	3,0

Polymerisationsbedingungen:
Lösungsmittel 100 ml Cyclohexan, Temperatur 60 °C, $[VOCl_3] = 1,0 \cdot 10^{-2}$ mol/l, $[AlEt_3]/[VOCl_3] = 5$, Alterungszeit = 1 min, Polymerisationszeit 15 min, Styrol während der ganzen Zeit zugegeben.

Triäthylaluminium von 1 steigt die Copolymerisationsgeschwindigkeit auf das Achtfache an, um dann wieder abzusinken. Hexachlorcyclopentadien bewirkt nach den Untersuchungen von *Gumboldt* u. Mitarb. eine Oxydation des inaktiven zweiwertigen Vanadins zur polymerisationsaktiven dreiwertigen Stufe [5]. Aus Bild 6 folgt, daß nur dann eine erhöhte Bruttopolymerisationsgeschwindigkeit beobachtet wird, wenn neben dem Oxydationsmittel noch eine hinreichende Konzentration von Aluminiumalkyl vorliegt, um die oxydierte Vanadinverbindung in die polymerisationsaktive Form zu überführen.

Das durch Hexachlorcyclopentadien aktivierte Katalysatorsystem bildet beträchtliche Mengen ataktisches Polystyrol, das man als unerwünschtes Nebenprodukt betrachten muß. Seine Bildung läßt sich jedoch dadurch herabsetzen, daß man das Styrol während der Polymerisation langsam nachdosiert, wie aus Tabelle 1 zu entnehmen ist. In dem Maße, wie das Styrol zugegeben wird, nimmt der Gehalt an ataktischem Polystyrol ab, ohne daß sich die Copolymerisationsgeschwindigkeit und der Styrolgehalt im Copolymeren wesentlich ändert.

Durch den Zusatz von Hexachlorcyclopentadien bei der Copolymerisation nimmt, wie aus Bild 6 hervorgeht, die Viskosität der Copolymeren stark ab. Man erreicht somit neben der Reaktivierung des Katalysators gleichzeitig die für die Verarbeitung dieser Copolymeren erforderlichen Viskositäten von etwa 1 dl/g.

5. *Experimentelles*

Die Reaktionen wurden in Cyclohexan unter Argonatmosphäre durchgeführt. Nach der Alterung des Katalysators wurden in das Reaktionsgefäß Styrol eingespritzt und unter Rühren und Normaldruck Äthylen laufend eingeleitet. Nähere experimentelle Einzelheiten, die Präparation der Katalysatorkomponenten und die Analyse der Copolymeren sind [1] bzw. [4] zu entnehmen.

Wir danken dem VEB Chemische Werke Buna für die großzügige Unterstützung der Arbeit und Herrn Prof. Dr. *K. Gehrke* für wertvolle Diskussionshinweise.

Literatur

[1] *Gehrke, K.*, *Bledzki, A.*, und *Ulbricht, J.*: Untersuchungen zur Copolymerisation von Äthylen und Styrol mit *Ziegler/Natta*-Katalysatoren. Plaste u. Kautschuk **17** (1970) 4, S. 251—252.

[2] *Gehrke, K.*, *Bledzki, A.*, *Schmidt, B.*, und *Ulbricht, J.*: Copolymerisation von Äthylen und Styrol mit *Ziegler/Natta*-Katalysatoren. Plaste u. Kautschuk **18** (1971) 2, S. 87—89.

[3] *Ulbricht, J.*, und *Bledzki, A.*: Copolymerisation von Äthylen und Styrol mit *Ziegler/Natta*-Katalysatoren. Kinetik und Molekulargewichtsregelung. Plaste u. Kautschuk **20** (1973) 3, S. 169—172.

[4] *Bledzki, A.*, *Müller, B.*, und *Ulbricht, J.*: Copolymerisation von Äthylen und Styrol mit *Ziegler/Natta*-Katalysatoren. Einfluß verschiedener Übergangsmetallverbindungen. Plaste u. Kautschuk **20** (1973) 8, S. 593 bis 596.

[5] *Gumboldt, A.*, *Helberg, G.*, und *Schleitzer, G.*: Über die Reaktivierung der bei der Äthylen/Propylen—Copolymerisation verwendeten Vanadium-Katalysatoren. Makromol. Chemie **101** (1967) S. 229—245.

[6] *Karol, F. J.*, und *Carrik, W. L.*: Transition metal catalysts. VII. Identification of the active site in organometallic mixed catalysts by copolymerization kinetic studies. J. amer. chem. Soc. **83** (1961) S. 2654—2658.

[7] *Dankovič, A.*, und *Kissin, Ju. V.*: Untersuchungen der Struktur von Copolymeren aus Styrol und Propylen mit Hilfe der IR-Spektroskopie. Vysokomol. Soed. (Hochmol. Verbind.) Serija A **12** (1970) 4, S. 802—809.
Dankovič, A.: Die Copolymerisation von Propylen mit Styrol. Regulierung der rel. Molekülmasse des Copolymers. Vysokomol. Soed. (Hochmol. Verbind.) Serija A **12** (1970), 9, S. 2057—2062.

[8] Verfahren zur Herstellung von amorphen elastomeren Olefin-Copolymeren. DDP 75781 vom 31. 12. 68. Erf. u. Inh.: *Elisabeth Anton*; *Paul Herte*; *Irene Solf* und *Jürgen Vahldieck*. Int. Kl.: C 08f 15/00.

Eingegangen am 15. August 1974

Faserforschung und Textiltechnik 26 (1975) Heft 1
Zeitschrift für Polymerforschung

Bestimmung des Substitutionsgrades von Carboxymethylcellulose[1])

Anna Náterová und Ján Polčin

Forschungsinstitut für Papier und Zellstoff, Bratislava, ČSSR

DK 678.546.11:542.94/.95:543.888:543.2:543.42.062

Von den in der Literatur angegebenen Routinemethoden für die Bestimmung des Substitutionsgrades von Carboxymethylcellulose wurde die Fällungsmethode mit Pb^{2+} mit der acidimetrischen Titration und konduktometrischen Indikation sowie mit der Hochfrequenz-Titration und der IR-Spektrophotometrie verglichen. Die Fällungsmethode weist eine gute Reproduzierbarkeit auf, erfordert jedoch relativ große Mengen der Probe und einen großen Zeitaufwand, wenn man sie mit den Titriermethoden vergleicht. Bei der IR-spektrophotometrischen Methode verbessert sich die Reproduzierbarkeit, wenn das Natriumsalz der CMC in die H-Form umgesetzt wurde.

Определение степени замещения карбоксиметилцеллюлозы

Проводилось сравнение известных по литературе традиционных методов определения степени замещения карбоксиметилцеллюлозы-методом осаждения с применением ионов двухвалентного свинца, ацидиметрией и кондуктометрией, а также методом высокочастотного титрования и ИК-спектрофотометрии. Метод осаждения позволяет получать хорошо воспроизводимые результаты, но требует сравнительно большего количества пробы и большого расхода времени по сравнению с титриметрическими методами. Воспроизводимость результатов при применении ИК-спектрофотометрии может быть повышена, если карбоксиметилцеллюлоза поступает на анализ не в виде натриевой соли, а в свободном виде.

Determination of the Degree of Substitution in Carboxymethyl Cellulose

Of the routine methods reported in the literature the precipitation by Pb^{2+} was compared with acidimetric titration and conductometric indication as well as with high frequency titration and IR spectrophotometry. The precipitation method provides good reproducibility, however requires high sample weight and is time consuming, as compared with the titration methods. By IR spectrophotometry the reproducibility is improved if the sodium salt of CMC is transformed to the H-form.

1. Einleitung

Die Carboxymethylcellulose (CMC) fand von allen Celluloseäthern die weiteste Verwendung in verschiedenen Industriesparten, die Papierindustrie mit einbegriffen. Da ihre vielseitigen praktischen Verwendungsmöglichkeiten weiter ansteigen, ist man genötigt, die Eigenschaften dieses Cellulosederivates eingehend zu untersuchen. Dabei verwendet man moderne analytische Methoden und Prüfgeräte.

Eine wichtige Kennzahl der CMC ist der Substitutionsgrad (SG). Er wird von der Anzahl der Carboxymethylgruppen bestimmt, die auf eine Anhydroglucoseeinheit fallen (also maximal SG = 3).

In einer kurzen Übersicht führen wir verschiedene Methoden für die Bestimmung des SG sowie eine Beurteilung dieser Methoden an.

Zu den ältesten und sehr verbreiteten Methoden für die Bestimmung des SG zählt die Titration [1, 2]. Das Natriumsalz der Carboxymethylcellulose wird in die H-Form umgewandelt und mit Natronlauge titriert. Die Genauigkeit der Methode wird dadurch beeinträchtigt, daß beim Waschen der Proben in Alkohol niedrigmolekulare, hochsubstituierte Anteile gelöst werden können [3].

Eyler und *Klug* [1] haben eine konduktometrische Titrationsmethode für die Bestimmung des SG ausgearbeitet. Die CMC wird hier direkt als Natriumsalz verwendet. Die Genauigkeit der Bestimmung wird vom unterschiedlichen Gehalt an gequollenen Anteilen von CMC in Lösung beeinflußt.

M. Rinaudo [4] verwendet die konduktometrische SG-Bestimmung bei der Untersuchung theoretischer Fragen über die Konfiguration der CMC als Polyelektrolyt.

Die kolorimetrische Methode [1] beruht auf der homogenen Hydrolyse von CMC mit einer 50%igen H_2SO_4 zu Glykolsäure, die mit 2,7-Dihydroxynaphthalen eine rote Färbung ergibt. Die Genauigkeit der Bestimmung wird von der Anwesenheit des Restlignins in der CMC beeinflußt.

Eine weitere Möglichkeit für die Bestimmung des SG ist die Bestimmung der Sulfatasche. Diese Methode erfordert eine sorgfältige Säuberung der Probe, wobei man Verluste bei der Extraktion mit 70%igem Methanol nicht vermeiden kann.

Simionescu [5] bestimmte den SG mit Thorium- oder Uranylsalzen, wobei die Intensität der Alphastrahlung der entstehenden CMC-Salze gemessen wurde. Der Nachteil der Methode beruht auf dem Einsatz von Spezialchemikalien.

Eine Reihe von Bestimmungsmethoden des SG arbeitet mit dem Ausfällen von CMC mit Metallsalzen. *Conner* [6] schlägt eine Ausfällung von CMC mit einem Kupfersalz vor, die für CMC mit einem SG von 0,6 bis 1,2 vorteilhaft ist. Nach Angabe der Autoren kann der SG mit der Genauigkeit von 0,03 Einheiten bestimmt werden. Begleitstoffe in den Salzen stören die Bestimmung, mit Ausnahme von Phosphaten, nicht. Jedoch erfordert die Methode ausnehmend viel Arbeit.

Am besten hat sich die Methode der Fällung von CMC-Uranylsalz [7] bewährt, denn dieses Salz ist vollkommen unlöslich, und die übrigen Salze können vollkommen mit Wasser ausgewaschen werden. Das Präzipitat wird geglüht und gravimetrisch der Gehalt an Uranoxid bestimmt und daraus der SG berechnet. Nach *Wurz* [3] ist das die genaueste Methode für die Bestimmung des SG von Carboxymethylcellulose, denn man kann mit ihr auch hochsubstituierte, niedrigmolekulare Anteile bestimmen.

In Lebensmitteln wurde der Gehalt an CMC durch Fällung mit Pb, Zn, Cu, Fe und Einsatz der Kolorimetrie oder Polarographie [8] bestimmt.

Chatterjee [9] u. Mitarb. verwendeten die Differentialthermoanalyse (DTA) für die Bestimmung des Substitutionsgrades der CMC.

Die angeführten Methoden unterscheiden sich voneinander durch die unterschiedliche Genauigkeit der Bestim-

1) Vorgetragen auf der Internationalen Arbeitstagung „Chemische und physikalische Methoden zur Charakterisierung von Zellstoff und von Cellulosederivaten" in Rostock vom 27. bis 29. Mai 1974.

mung des Substitutionsgrades, durch den Arbeitsaufwand, die Dauer der Analyse und durch die Unterschiede in der Zugänglichkeit und Schädlichkeit der verwendeten Chemikalien sowie durch die Ansprüche an Prüfgeräte.

Mit Rücksicht auf diese Umstände haben wir für die Beurteilung der Methoden zur Bestimmung des SG von Carboxymethylcellulose folgende ausgewählt:

- Fällungs- und Titrationsmethoden,
- konduktometrische acidimetrische Titration,
- acidimetrische Hochfrequenz-Titration,
- IR-Spektrophotometrie.

2. *Auswahl und Vorbereitung der Proben*

Für den Vergleich der SG Werte mit den angeführten vier Bestimmungsmethoden wurden handelsübliche Carboxymethylcellulosen, wie BLANOSE R 110, R 190 und R 590, verwendet sowie bei uns im Labor aus Buchensulfatzellstoff nach Vorhydrolyse hergestellte Carboxymethylcellulosen.

Das Natriumsalz der CMC in der Form von Pulver, Flocken oder Fasern ist für die Bestimmung des SG mit den ausgewählten Methoden geeignet, außerdem muß das CMC-Na sorgfältig von allen Nebenprodukten der Carboxymethylierung gereinigt werden [10].

Bei der IR-Spektrophotometrie kann sowohl CMC-Na als auch CMC-H verwendet werden. In beiden Fällen arbeitet man mit der Technik der KBr-Tabletten.

Das Natriumsalz der Carboxymethylcellulose wird durch Alkoholyse-Spaltung der Polymermoleküle in die H-Form umgesetzt (z. B. nach [11]). Dadurch werden resistente CMC-H-Kristallite gebildet, welche die vierfache Mahldauer im Vergleich zu CMC-Na erfordern.

3. *Vergleich der ausgewählten Methoden*

3.1. *Fällung und nachfolgende Titration*

Diese Bestimmung des SG beruht auf der Fällung von CMC mit einem Bleisalz; der Überschuß von Pb^{2+} wird komplexometrisch bestimmt [12].

Durchführung der Analyse: Gereinigte, wasserlösliche CMC-Na wird bei ständigem Rühren in Wasser gelöst, die Lösung wird alkalisiert. Die in Alkalien lösliche CMC löst sich in der NaOH-Lösung. Die so gewonnene CMC-Lösung wird mit Essigsäure auf Methylrot angesäuert und bei intensivem Rühren ein Überschuß des Fällungsmittels $Pb(NO_3)_2$ zugesetzt. Nach kompletter Fällung und Zusammenballung des Präzipitats wird im aliquoten Anteil des Filtrats nach Pufferung der Überschuß des Bleisalzes durch Titration mit Chelaton III mit dem Indikator Eriochromschwarz T bestimmt.

Die Methode ist gut reproduzierbar (Tabelle 1). Zur Bestimmung braucht man im Labor allgemein verwendete Geräte und Chemikalien. Nachteilig ist die langwierige Bestimmung und der Verbrauch verhältnismäßig großer Probemengen, was bei kleinen Mengen des zu analysierenden Stoffes Schwierigkeiten macht. Hinsichtlich der Betriebsanalyse wäre es möglich, diese Bestimmung teilweise zu automatisieren, und zwar durch die spektrophotometrische Indikation bei der Wellenlänge 605 nm. Für diesen Zweck eignet sich das modifizierte Spektrophotometer Spekol.

3.2. *Konduktometrische acidimetrische Titration*

Die Methode beruht auf der Veränderung der Leitfähigkeit alkalischer Lösungen von CMC-Na im Laufe der Titration mit einer Standard-Säure.

Tabelle 1. Reproduzierbarkeit der Bestimmung des SG von BLANOSE R 110 *mit der Fällungsmethode mit* Pb^{2+}

Nr. der Bestimmung	SG
1	0,65
2	0,67
3	0,64
4	0,67
5	0,68
6	0,64
7	0,66
8	0,67

arithmetische Mittel $\bar{x} = 0{,}66$,
Streuung $\sigma^2 = 0{,}0006$,
mittlerer Fehler $\sigma = 0{,}0245$,
Fehlergrenze der Ergebnisse bei 95% Wahrscheinlichkeit $\pm 0{,}0205$,
theoretisch notwendige Anzahl der Bestimmungen $N = 3$.

Kurzbeschreibung des Bestimmungsverlaufes: Die Einwaage der CMC-Na-Probe (0,3 bis 1,0 g) wird vom SG-Wert bestimmt. Die Probe wird in Stickstoffatmosphäre in destilliertem Wasser gelöst. Das Wasser enthält eine Standardlösung von NaOH, das die eventuell anwesende CMC-H-Form in CMC-Na überführt. Dann wird im Laufe der Titration mit 0,5 n HCl bei Umrühren und Stickstoffstrom die Leitfähigkeit der Lösung gemessen. Für die Lösung und die Auflösung der Probe verwendet man decarbonisiertes destilliertes Wasser, um den Einfluß des im Wasser beziehungsweise in der Luft anwesenden CO_2 auf das Ergebnis zu vermeiden. Die Leitfähigkeit wurde mit dem Konduktometer Radelkis Typ OK-102/1 gemessen.

Die gemessenen Werte wurden graphisch ausgewertet, und zwar als Abhängigkeit der Leitfähigkeit der untersuchten Lösung vom Volumen der Titrierlösung (0,5 n HCl). Zur Illustration wird ein Diagramm für BLANOSE R 110 aus der Reihe der gewonnenen Diagramme angeführt (Bild 1). Die Extrapolation der Meßpunkte ergab drei lineare Abschnitte. Der erste Abschnitt entspricht der Menge von 0,5 n HCl, die zur Titration der zugesetzten NaOH-Standardlösung dient, der zweite Abschnitt entspricht dem Volumen von 0,5 n HCl, das die anwesende CMC-Na titriert, und der dritte Abschnitt veranschaulicht den Überschuß der

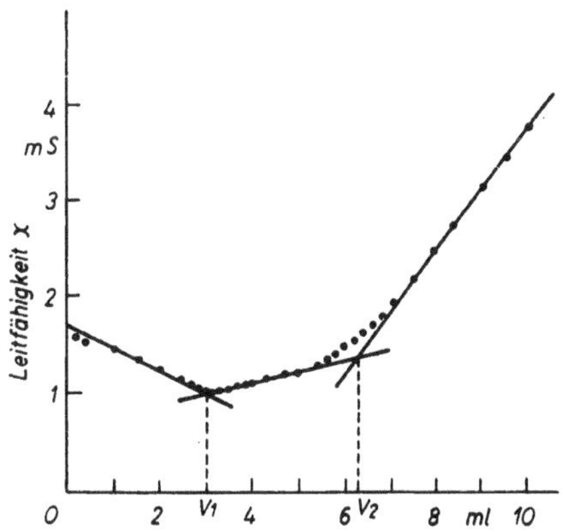

Bild 1. Abhängigkeit der Leitfähigkeit einer Lösung von BLANOSE R 110 vom Volumen der Titrierlösung (SG = 0,63)

Tabelle 2. Reproduzierbarkeit der Bestimmung des SG von BLANOSE R 110 *mit konduktometrischer Titration*

Nr. der Bestimmung	SG
1	0,65
2	0,62
3	0,63
4	0,65
5	0,66
6	0,62
7	0,62
8	0,67
9	0,61
10	0,66

arithmetisches Mittel $x = 0{,}639$,
Streuung $\sigma^2 = 0{,}000\,43$,
mittlerer Fehler $\sigma = 0{,}0207$,
Fehlergrenze der Ergebnisse bei 95% Wahrscheinlichkeit $\pm 0{,}015$,
theoretisch notwendige Anzahl der Bestimmungen
$N = 2{,}15 \approx 3$

zugesetzten Salzsäure. Die Schnittpunkte der linearen Abschnitte geben die Volumina V_1 und V_2 (0,5 n HCl) an, die für die Berechnung des Gesamtgehaltes an Carboxymethylgruppen bzw. des SG notwendig sind [1].

Die an der Probe BLANOSE R 110 untersuchte Reproduzierbarkeit dieser Bestimmungsmethode ist recht gut und erfordert bedeutend weniger Zeit, als die vorhergenannte Methode (Tabelle 2). Im Vergleich mit der Fällungsmethode entfällt bei der konduktometrischen Titration das Fällen, und die Dauer der Auflösung der Probe ist kürzer, denn es wird nur die Hälfte oder ein Sechstel der CMC-Einwaage verwendet wie bei der Fällung mit Bleisalzen. Die bei der konduktometrischen Methode verwendeten Chemikalien sind billig und zugänglich. Für die Messung braucht man ein einfaches Gerät, das Konduktometer.

3.3. Acidimetrische Hochfrequenz-Titration

Diese Methode arbeitet nach demselben Prinzip wie die vorher angeführte. Die Auflösung der CMC, die Reagentien und der Meßverlauf sind die gleichen wie bei der konduktometrischen Titration. Auch die erhaltenen Kurven entsprechen den Kurven der vorher besprochenen Methode (Bild 2). Die Reproduzierbarkeit der Bestimmung des SG war jedoch etwas schlechter, und die Äquivalenzpunkte zeigten einen geringeren Verbrauch der Titrierlösung an.

3.4. IR-Spektrophotometrie

Interessant ist die Verwendung der IR-Spektrophotometrie für die Bestimmung des Substitutionsgrades der Carboxymethylcellulose. Die Messungen wurden mit dem Zweistrahlspektrophotometer UR 10, VEB Carl Zeiss Jena, und dem Spektrophotometer Unicam SP.200, Unicam Instruments Ltd., Cambridge, England, durchgeführt.

Bild 3 zeigt als Beispiel die Spektren der Carboxymethylcellulose in der H- und Na-Form. Die CMC-H hat bei 1730 cm^{-1} ein sehr ausgeprägtes Absorptionsmaximum, das der C=O-Schwingung in der nichtionisierten Carboxylgruppe entspricht. Bei CMC-Na wird die Carboxylgruppe ionisiert und dadurch dieses Maximum zur Wellenzahl 1620 cm^{-1} verschoben. Außerdem ergibt diese CMC noch zwei charakteristische Absorptionsbanden bei 1430 und 1320 cm^{-1}. Nach *Schurz* [13] entstehen die Banden 1620 und 1320 cm^{-1} infolge der asymmetrischen und symmetrischen Schwingungen der COO^--Gruppen. Laut *Grosse* u. a. [14] absorbieren ionisierte Carboxylgruppen bei 1620 und 1430 cm^{-1}. Nach diesen Autoren ist der Ursprung der Bande bei 1320 cm^{-1} noch nicht vollständig aufgeklärt. Wahrscheinlich wird sie von Deformationsschwingungen der OH-Gruppen hervorgerufen. Die breite Bande bei 1070 cm^{-1} entspricht der Schwingung (C—O—C). Die Bande bei 2900 cm^{-1} entspricht den Valenzschwingungen von CH_2- und CH- und die breite Bande bei 3400 cm^{-1} den Hydroxylgruppen. Auch nach Angaben von *Žbankov* [15] ist für die CMC-Na die Bande 1620 cm^{-1} charakteristisch.

Der Nachteil der Bande bei 1620 cm^{-1} für CMC-Na besteht darin, daß sie von der Gegenwart freien Wassers in der Probe beeinflußt werden kann, das in diesem Bereich absorbiert (1640 cm^{-1}). Dieser Umstand muß bei der Aufbereitung der Probe oder bei der Auswertung des Spektrums in Betracht gezogen werden.

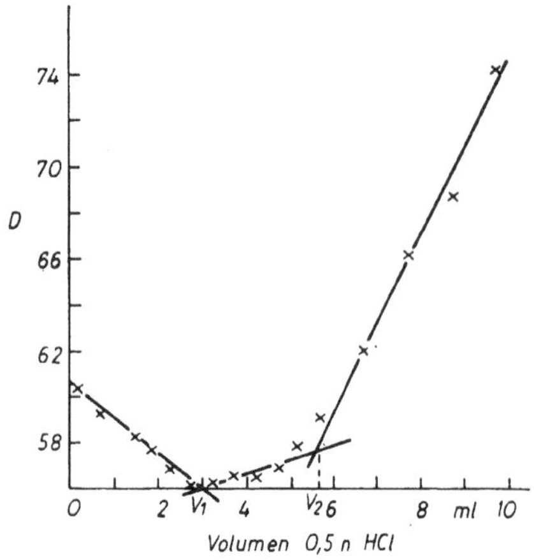

Bild 2. Verlauf der bei der Hochfrequenztitration erhaltenen Kurven

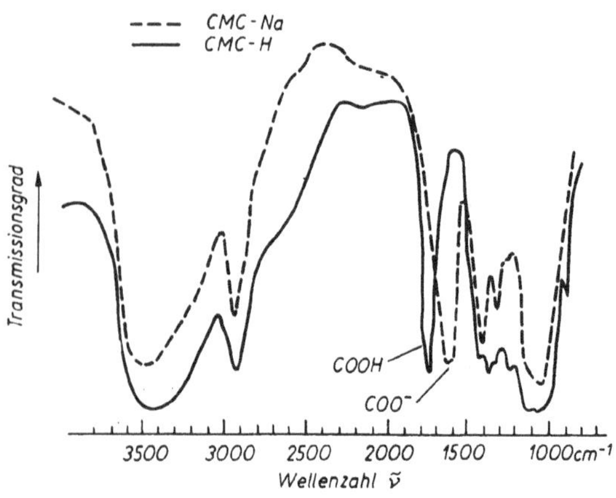

Bild 3. Vergleich der IR-Spektren von CMC-Na und CMC-H

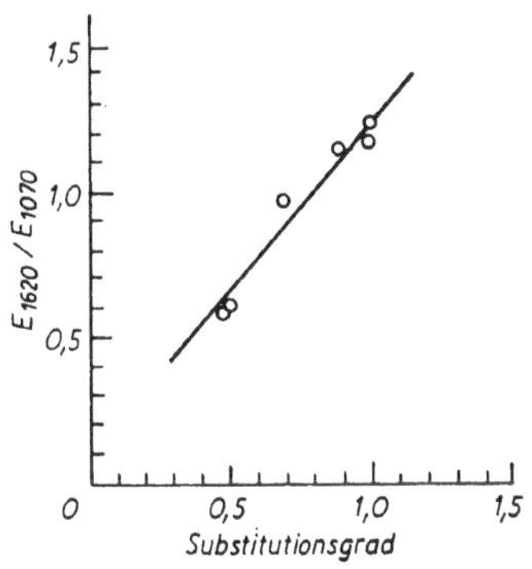

Bild 4. Abhängigkeit des Extinktionsverhältnisses E_{1620}/E_{1070} vom Substitutionsgrad der CMC-Na
$y = 1{,}17x + 0{,}072$; $r = 0{,}97$

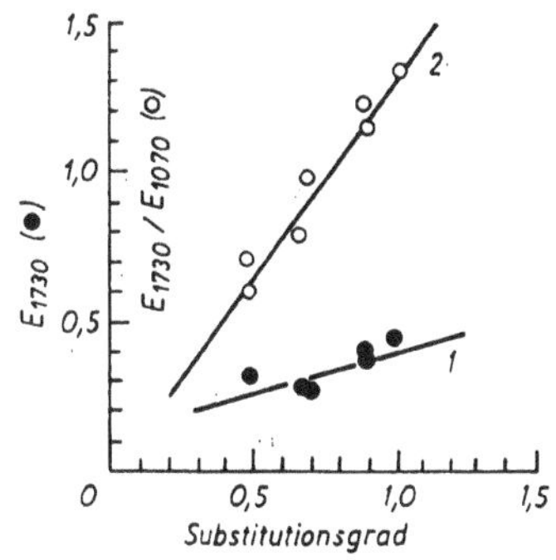

Bild 5. Abhängigkeit der Extinktion E_{1730} und des Extinktionsverhältnisses E_{1730}/E_{1070} vom Substitutionsgrad der CMC-H
$1: y = 0{,}26x + 0{,}14$; $r = 0{,}75$,
$2: y = 1{,}31x - 0{,}007$; $r = 0{,}96$.

Für die Untersuchung der qualitativen Auswertung des SG mit der IR-Spektrophotometrie wurde als wesentliche Bande für CMC-Na das Maximum bei 1620 cm^{-1} verwendet, für CMC-H das Maximum bei 1730 cm^{-1}. Weil die KBr-Methode immer mit einem gewissen Fehler belastet ist, einmal durch die ungenaue Einwaage und auch durch die ungleichmäßige Verteilung der Probe in der Tablette, wurde versucht, dieser Fehler durch die Methode einer internen Standardbande zu kompensieren. Zu diesem Zweck wurde als interner Standard die Bande 1070 cm^{-1} gewählt, die sich im Wellenzahlbereich 800 bis 2000 cm^{-1} mit dem Substitutionsgrad am wenigsten veränderte.

Bei der quantitativen Auswertung der Spektren wenden wir die Grundlinienmethode an, wie sie in der Arbeit [16] benutzt wurde. Es wurden die Werte der Extinktion (E) für die Banden 1620 beziehungsweise 1730 cm^{-1} sowie die Werte für die Vergleichsbande 1070 cm^{-1} berechnet. Weiter wurde die Abhängigkeit der Extinktion der charakteristischen Banden vom Substitutionsgrad $\left(E_{1620} = f(SG),\ E_{1730} = f(SG)\right)$ und die Abhängigkeit des Extinktionsverhältnisses der charakteristischen Banden und der Vergleichsbande vom SG $\left(E_{1620}/E_{1070} = f(SG),\ E_{1730}/E_{1070} = f(SG)\right)$ untersucht. Dabei ging man von der Voraussetzung aus, daß das Verhältnis der Extinktionen für die einzelnen CMC-Proben bei festem SG konstant ist.

Die Bilder 4 und 5 zeigen diese Abhängigkeiten für CMC-Na und CMC-H sowie die berechneten Gleichungen der Regressionsfunktion mit den Werten des Korrelationskoeffizienten r. Die Streuung der Punkte für die Beziehung $E_{1620} = f(SG)$ war groß, der Wert des Korrelationskoeffizienten lag unter 0,5; deshalb wird diese Beziehung im Bild 4 nicht angeführt. Wir nehmen an, daß diese Streuung bei CMC-Na durch den größeren Wassergehalt der Probe verursacht wird, dessen Absorption mit der Absorptionsbande der COO^--Gruppe interferiert.

Wird CMC in der H-Form verwendet, so tritt diese Störung nicht auf. Mit Rücksicht auf die Steilheit der Geraden 2 im Bild 5 ist es vorteilhafter, für die quantitative Bestimmung des SG in der CMC-H die Beziehung E_{1730}/E_{1070} zu verwenden.

Um den durch die ungleichmäßige Verteilung der CMC in der Tablette verursachten Fehler herabzusetzen, wurde das Spektrum wiederholt in vier verschiedenen Lagen der Tablette aufgenommen, die durch eine Drehung um 45° erzielt wurden. Die übrigen Bedingungen blieben ohne Veränderung. Tabelle 3 bringt die Ergebnisse für CMC-Na und Tabelle 4 für CMC-H. Wie aus diesen Tabellen ersichtlich ist, ersetzt die wiederholte Aufnahme der Spektren in verschiedenen Lagen Parallelmessungen aus neu hergestellten Tabletten, was eine Zeitersparnis bedeutet.

Bei der Bestimmung des SG mit der IR-Methode ist es vorteilhafter, die CMC-H zu verwenden, obwohl die Bestimmung länger dauert, da man dadurch den Einfluß des Wassers ausschließen kann.

Tabelle 3. Reproduzierbarkeit der zweimal gemessenen Werte E_{1620} und E_{1620}/E_{1070} von CMC-Na bei 4 unterschiedlichen Positionen der KBr-Tablette

	E_{1620}	E_{1620}/E_{1070}
Arithmetisches Mittel $\bar{x}$	0,7709	0,868
Streuung σ^2	0,00048	0,0019
Mittlerer Fehler σ	0,0219	0,0435
Fehlergrenze der Ergebnisse bei 95% Wahrscheinlichkeit	±0,0201	±0,0399
Theoretisch notwendige Anzahl der Bestimmungen N	2	6

Tabelle 4. Reproduzierbarkeit der zweimal gemessenen Werte E_{1730} und E_{1730}/E_{1070} von BLANOSE R 590-H *bei 4 unterschiedlichen Positionen der KBr-Tablette*

	E_{1730}	E_{1730}/E_{1070}
Arithmetisches Mittel $\bar{x}$	0,3859	1,045
Streuung σ^2	0,0001	0,0010
Mittlerer Fehler σ	0,0100	0,0316
Fehlergrenze der Ergebnisse bei 95% Wahrscheinlichkeit	±0,0092	±0,0290
Theoretisch notwendige Anzahl der Bestimmung N	2	3

Tabelle 5. Vergleich der mit verschiedenen Methoden bestimmten SG-Werte

Carboxymethylcellulose	Substitutionsgrad bestimmt mit			
	Fällung	Konduktometrie	Hochfrequenztitration	IR-Spektrophotometrie
BLANOSE R 190	0,66	0,64	0,64	0,73
BLANOSE R 190	0,63	0,65		
BLANOSE R 590	0,84	0,88	0,82	0,93
CMC — 1	0,49	0,42		
CMC — 2	0,62	0,60		0,58
CMC — 3	0,67	0,62		0,60
CMC — 4	1,03	1,05		1,02

4. *Vergleich des mit den getesteten Methoden bestimmten Substitutionsgrades der Carboxymethylcellulose*

Der Vergleich der SG-Werte, die mit den beschriebenen Methoden bestimmt wurden, liegt in Tabelle 5 vor. Man sieht, daß die Werte aus der konduktometrischen und der Hochfrequenztitration praktisch gleich sind und mit den Werten der Fällungsmethode übereinstimmen. Die mit IR-Spektrophotometrie erhaltenen Ergebnisse zeigen gleichfalls dieselben Relationen.

5. *Schlußfolgerungen*

Die Fällungsmethode für die Bestimmung des SG von Carboxymethylcellulose ist gut reproduzierbar, erfordert jedoch eine größere Menge der Probe und ist ziemlich zeitraubend.

Die konduktometrisch indizierte acidimetrische Titration und die acidimetrische Hochfrequenztitration benötigen eine kleinere Menge der Probe und erfordern einen geringeren Zeitaufwand. Jedoch ist die Hochfrequenztitration weniger reproduzierbar.

Der Vorteil der IR-Spektrophotometrie liegt vor allem in der geringen Menge der benötigten Probe, was für Forschungszwecke sehr vorteilhaft ist. Die Umsetzung des Natriumsalzes der CMC in die H-Form verbessert die Reproduzierbarkeit.

Literatur

[1] *Eyler, R. W., Klug, E. D.,* und *Floyd Diephuis:* Determination of degree of substitution of sodium carboxymethylcellulose. Analytical Chem. **19** (1947) 1, S. 24 bis 27.

[2] ASTM D 1439-65.

[3] *Wurz, E.:* Analytik und Anwendungstechnologie von Carboxymethylcellulosen. Österr. Chem.-Ztg. **59** (1958) 3/4, S. 41—45.

[4] *Rinaudo, M.,* und *Daune, M.:* Étude des O-carboxyméthylcelluloses a degré de substitution variable. II — Conductivité des solutions. J. Chim. Physique **63** (1967) S. 1753—1760.

[5] Ref. Ž. Chim., Moskva **7** (1959) 26006.

[6] *Conner, A. Z.,* und *Eyler, R. W.:* Analysis of sodium carboxymethylcellulose. Copper salt precipitation method for determining assay value and degree of substitution. Analytical Chem. **22** (1950) 8, S. 1129.

[7] *Francis, C. V.:* Sodium carboxymethylcellulose. Determination of degree of substitution active agent. Analytical Chem. **25** (1953) 6, S. 941.

[8] *Crössmann, F., Klaus, W., Mergenthaler, E.,* und *Souci, S. W.:* Zur physikalischen und chemischen Charakterisierung der als Lebensmittel-Zusatzstoffe verwendeten Celluloseäther. II. Mitt. Methoden zur Prüfung von Celluloseäthern auf Identität und Reinheit. Z. Lebensmittel-Unters. u. -Forsch. **125** (1964) 5, S. 413—427.

[9] *Chatterjee, P. K.,* und *Schwenker, R. F. jr.:* Characterization of cellulose derivatives by differential thermal analysis. Tappi, New York **55** (1972) 1, S. 111 bis 115.

[10] Bestimmung des aktiven Anteils von Carboxymethylcellulose. Interne Norm VÚPC, Bratislava.

[11] *Whistler, R. L.:* Methods in carbohydrate chemistry. Vol. III. New York/London: Academic Press 1963, S. 325.

[12] Bestimmung des Substitutionsgrades von Carboxylmethylcellulose. Interne Norm VÚPC, Bratislava.

[13] *Jayme, G.,* und *Pek Ka Tio:* Infrarotspektroskopische Untersuchungen an Polysacchariden und ihren Derivaten. Papier **22** (1968) 6, S. 322—328.

[14] *Grosse, L.,* und *Klaus, W.:* Die Analytik wasserlöslicher Celluloseäther. Z. analyt. Chemie **259** (1972) S. 195 bis 203.

[15] *Žbankov, R. G.:* IR-Spektren von Cellulose und Cellulosederivaten. Minsk: Nauka i Technika 1964, S. 255.

[16] *Polčin, J.,* und *Vargová, Č.:* Möglichkeit der Ligninbestimmung in Hölzern und Hochausbeutezellstoff mit IR-Spektrophotometerie. Zborník výsk. prác z odboru celulózy a papiera **9** (1964) S. 165—182.

Eingegangen am 4. Oktober 1974

Faserforschung und Textiltechnik 26 (1975) Heft 1
Zeitschrift für Polymerforschung

Elektronenspinresonanzuntersuchungen an elektronenbestrahltem Polyamidseidengewirke

Dieter Putzger

Akademie der Wissenschaften der DDR, Institut für Technologie der Fasern in Dresden

DK 677.494.675:677.661:677.017.6:543.422.27:547.398.12:677.862.25

Es wird über Elektronenspinresonanzuntersuchungen berichtet, mit deren Hilfe das Radikalabklingverhalten von mit 1 MeV-Elektronen bestrahltem Polyamidseidengewirke sowohl in Luft als auch in Wasser und Acrylamidpfropflösung untersucht wurde.

Исследования облученного электронами трикотажа из полиамидной текстильной нити методом ЭПР

Методом ЭПР изучена гибель свободных радикалов после облучения электронами (1 Мэв) трикотажа из полиамидной текстильной нити на воздухе, в воде и в прививочном растворе акриламида.

ESR Investigations of Electron-irradiated Polyamide Knitted Fabrics

The quenching of radicals in polyamide knitted fabrics irradiated by 1 MeV electrons in air, water and acrylamide grafting solution has been investigated by ESR spectroscopy.

1. *Einleitende Bemerkungen zur Elektronenspinresonanz*

Unter Elektronenspinresonanz (ESR oder EPR) versteht man die selektive Absorption von elektromagnetischer Strahlung in paramagnetischen Substanzen, die sich in einem starken magnetischen Gleichfeld befinden, infolge der Übergänge des Elektronenspins, oder anders ausgedrückt, infolge der Spinwechsel. Grundvoraussetzung dafür, daß eine Substanz nach der EPR-Methode untersucht werden kann, ist, daß die Atome oder Moleküle der zu untersuchenden Substanz ungepaarte Elektronen enthalten. Solche Substanzen, die nach der EPR-Methode untersucht werden können, sind z. B. paramagnetische Atome oder Ionen, Farbzentren, Donatoren oder Akzeptoren in Halbleitern und organische Radikale. Hierbei ist es gleichgültig, ob die Radikale durch Bestrahlungen oder durch chemische Reaktionen gebildet wurden. Zum besseren Verständnis dafür, wie es zu den Spinwechseln kommt, die die Ursache für die zu beobachtenden ESR-Spektren sind, ist es vorteilhaft, sich das ungepaarte Elektron der Versuchssubstanz als kleinen Kreisel vorzustellen, der unter dem Einfluß einer Kraft eine Präzessionsbewegung ausführt, und sich daran zu erinnern, daß ein Elektron Masse, Eigendrehimpuls oder Spin und magnetisches Moment besitzt. Wird also eine solche Substanz mit nichtabgesättigtem Elektronenspin — in Bild 1 wurde, als Kugel dargestellt, ein freies Elektron mit dem Spin $s = 1/2$ betrachtet — in ein starkes äußeres magnetisches Gleichfeld H gebracht, so kann sich der Spin bzw. das magnetische Moment der Elektronen — in Bild 1 charakterisiert durch die Spinquantenzahl $m_s = +1/2$ und $m_s = -1/2$ — gemäß den Prinzipien der Quantenmechanik nur parallel oder antiparallel zum äußeren Magnetfeld einstellen, und die ungepaarten Elektronen präzedieren mit Larmorfrequenz um die Achse des äußeren Magnetfeldes. Die Präzessionsbewegung der Elektronen unter dem Einfluß des Magnetfeldes H wurde in Bild 1 durch den Kegel um die H-Achse angedeutet. Dieser Effekt ist jedoch makroskopisch noch nicht beobachtbar, da jedes Elektron mit einer völlig zufälligen Phase in bezug auf seinen Nachbarn präzediert. Bringt man jedoch zusätzlich senkrecht zu dem starken äußeren magnetischen Gleichfeld H ein sich mit der Larmorfrequenz änderndes hochfrequentes magnetisches Wechselfeld H_1 an, dann wird eine Bezugsphase für alle gleichen Elektronen in der Probe geliefert, und ein zusätzliches Drehmoment wird an jedem der Elektronen ausgeübt, das dem Drehmoment des magnetischen Gleichfeldes entgegenwirkt. Dieses zusätzliche Drehmoment versucht, die Drehimpulsachse der Elektronen umzukippen und einen Spinwechsel hervorzurufen. Bei einem solchen Umklappprozeß des Elektronenspins von dem einen Zustand $m_s = -1/2$ in den anderen Zustand $m_s = +1/2$ ändert sich die Energie der Elektronen. Da andererseits die Energie des Systems mit der Umgebung durch einen Spin-Gitter-Relaxationsmechanismus derart gekoppelt ist, daß die „heißen Spins" ständig wieder in den „kalten Energiezustand" zurückkehren können, wird bei dem Spinumklappprozeß ständig Energie, die in dem hochfrequenten magnetischen Wechselfeld gespeichert ist, absorbiert und kann nach entsprechender Verstärkung über das ESR-Signal makroskopisch ge-

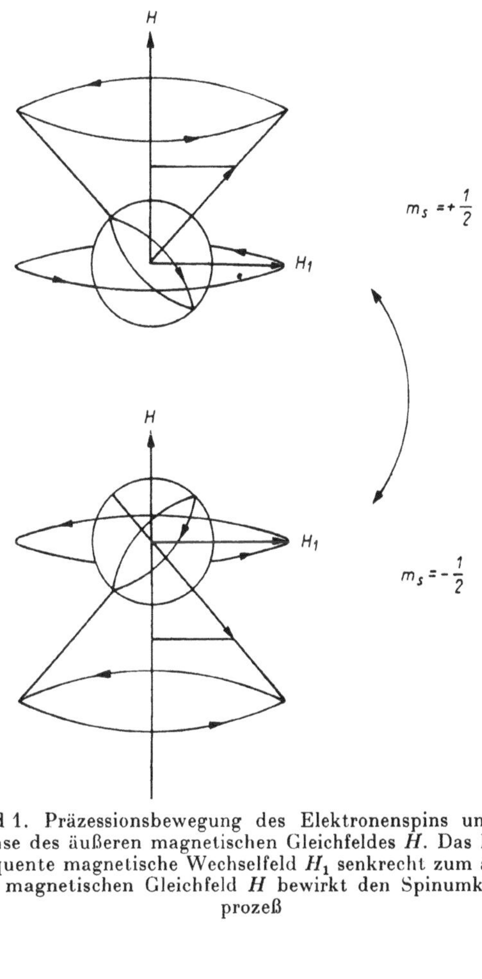

Bild 1. Präzessionsbewegung des Elektronenspins um die Achse des äußeren magnetischen Gleichfeldes H. Das hochfrequente magnetische Wechselfeld H_1 senkrecht zum äußeren magnetischen Gleichfeld H bewirkt den Spinumklappprozeß

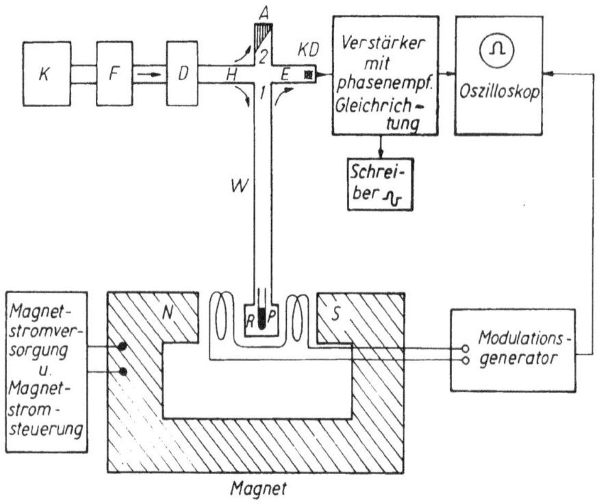

Bild 2. Blockschaltbild eines ESR-Spektrometers.

K Klystron
F Ferritisolator, der das Klystron vor zurückgestrahlter Energie schützt
D Dämpfungsglied zur Regulierung des Energieflusses
H, E *H*- bzw. *E*-Arm der Mikrowellenbrücke
KD Kristalldetektor
W Wellenleiter
R Hohlraumresonator
P Versuchsprobe

messen werden. Eine Hyperfeinaufspaltung der ESR-Linien kann z. B. durch Wechselwirkung des Elektronenspins mit dem Kernspin hervorgerufen werden, da durch die verschiedenen Einstellmöglichkeiten des Kernspins im äußeren magnetischen Gleichfeld dem äußeren magnetischen Gleichfeld zusätzliche Magnetfelder überlagert werden.

2. *Meßprinzip der EPR*

Bild 2 zeigt das Blockschaltbild eines ESR-Spektrometers. Die zu untersuchende Substanz *P* wird in einem Hohlraumresonator *R* über einen Wellenleiter *W* durch ein in einem Klystron *K* erzeugtes hochfrequentes magnetisches Querfeld mit Mikrowellen bestrahlt und gleichzeitig einem starken magnetischen Gleichfeld *NS* ausgesetzt, dessen Feldstärke sich langsam zeitlich ändert. Ist die Feldstärke des magnetischen Gleichfeldes so groß geworden, daß die Resonanzbedingung erfüllt ist, so wird von der Substanz Mikrowellenenergie absorbiert, deren Betrag gemessen wird. Zur besseren elektronischen Verstärkung dieses relativ kleinen Effektes überlagert man dem magnetischen Gleichfeld ein magnetisches Modulationsfeld, das von einem Modulationsgenerator erzeugt wird und dessen Amplitude klein gegen die Linienbreite der entsprechenden Resonanzlinie sein soll. Eine schmalbandige Verstärkung und eine phasenempfindliche Gleichrichtung der so erhaltenen Signalspannung bewirken, daß am Schreiber nicht die Absorptionslinien selbst, sondern deren erste Ableitung aufgezeichnet werden.

Die Fläche unter der Absorptionskurve oder die zweimal integrierte Schreiberkurve ist proportional zur Anzahl der vorhandenen unabgesättigten Elektronenspins, also proportional zur Anzahl der vorhandenen freien Radikale.

Ist Hyperfeinstruktur infolge Wechselwirkung des Elektronenspins mit dem Kernspin benachbarter Kerne vorhanden, so ist der spektroskopische Aufspaltungsfaktor oder die Kopplungskonstante ein Maß für die Wechselwirkung des Elektrons mit den betrachteten Kernen, deren Kernspins die Aufspaltung hervorrufen. Zur näheren Erläuterung des Begriffs Hyperfeinstruktur sei nach *van Wieringen* [1] gesagt:

In der Theorie der Atomspektren spricht man von Feinstruktur, wenn eine mehrfache Spektrallinie (z. B. das D_1D_2-Dublett von Natrium) dadurch entsteht, daß ein Energieniveau infolge der Spin-Bahnwechselwirkung aufgespaltet wird, und von Hyperfeinstruktur, wenn die Aufspaltung die Folge von Wechselwirkung mit dem Kern ist. Diese Hyperfeinstruktur ist gewöhnlich klein gegenüber der normalen Feinstruktur. Im Fall einer paramagnetischen Resonanz bleibt man bei dieser Terminologie, obwohl der Effekt des Kernspins hier oft groß ist im Vergleich mit anderen Effekten.

3. *Literaturauswertung*

Eine Literaturauswertung ergab, daß die beim Bestrahlen unterschiedlicher Polyamide aufgenommenen ESR-Signale vorrangig den Radikalen

$$-CO-NH-\dot{C}H-CH_2-$$

bzw. $$-CH_2-CO-NH-CH=CH-\dot{C}H-$$

oder $$-CH_2-\underset{\displaystyle OH}{\underset{|}{C}}=N-CH=CH-\dot{C}H-$$

zugeordnet wurden. Die von den einzelnen Autoren verwendeten Polyamide, Bestrahlungsbedingungen und Bedingungen bei der Aufnahme der ESR-Spektren sowie die aus den ESR-Spektren ermittelten Radikale wurden zusammenfassend in Tabelle 1 dargestellt.

4. *Eigene ESR-Untersuchungen an bestrahltem und an gepfropft-bestrahltem Polyamidseidengewirke*

4.1. *Versuchsbedingungen bei den durchgeführten ESR-Untersuchungen*

Die ESR-Untersuchungen wurden an einem im X-Band arbeitenden Varian-EPR-Spektrometer V-4502 durchgeführt¹). Dieses Gerät ist mit einem Doppelhohlraumresonator ausgerüstet, in dessen 100-kHz-Kanal stets die Versuchsprobe gebracht wurde, während sich ein Rubineinkristall für Eichzwecke im Niederfrequenzkanal bei 400 Hz befand.

Die Bestrahlung der Proben erfolgte mit einem 1-MeV-*van de Graaff*-Generator bei Dosisleistungen von $3 \cdot 10^8$ rd/h. Falls nicht besonders vermerkt wurde, wurden die Proben mit einer Dosis von $3 \cdot 10^7$ rd bei Zimmertemperatur an Luft bestrahlt.

Als Proben wurden sowohl schmale Polyamidseidengewirkestreifen als auch — in späteren Versuchen — gepfropfte Polyamidseidengewirkestreifen von ca. 5 mm Breite und 35 mm Länge und einer Masse von 29 mg benutzt.

Die Probenstreifen wurden zu einem zylindrischen Röllchen zusammengerollt und an den Enden mit einer glühenden Präpariernadel punktförmig zusammengeschweißt. Die Mehrzahl der Proben wurde als Röllchen bestrahlt, nach der Bestrahlung sofort in flüssigem Stickstoff aufbewahrt und anschließend — wenn nicht anders vermerkt wurde — bei der Temperatur des flüssigen Stickstoffs im EPR-Spektrometer durchgemessen.

Bild 3 zeigt die Untersuchung des Sättigungsverhaltens einer bestrahlten Polyamidseidengewirkeprobe bei konstanter Signalverstärkung. Betrachtet man die ESR-Spektren von links nach rechts in Richtung zunehmender Mikrowellenleistung, so stellt man fest, daß bis etwa 21,5 dB die Signalintentität mit der Mikrowellenleistung noch ansteigt, doch schon ab 23,5 dB die Auflösung schlechter

¹) An dieser Stelle sei Herrn Dr. *Posselt* und Herrn Dr. *Bartl* sowie Herrn Chem. Ing. *Fröhner* vom Zentralinstitut für Festkörperphysik und Werkstofforschung der AdW der DDR in Dresden herzlich gedankt für wertvolle Hinweise sowie für die Möglichkeit, die ESR-Untersuchungen an dem Varian-EPR-Spektrometer V 4502 des ZFW durchführen zu können.

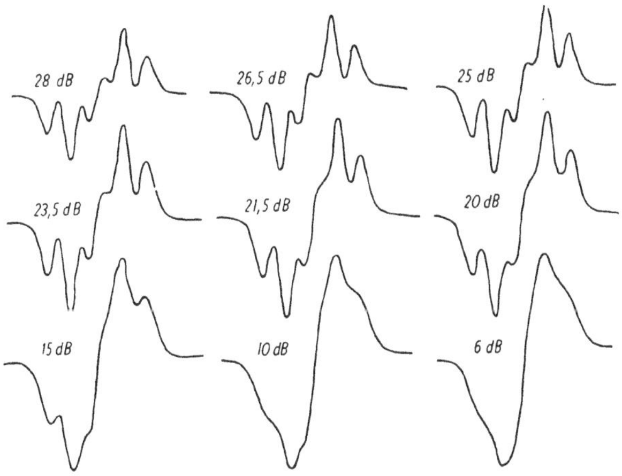

Bild 3. Untersuchung des Sättigungsverhaltens einer bestrahlten Polyamidseidengewirkeprobe bei verschiedenen Mikrowellendämpfungen

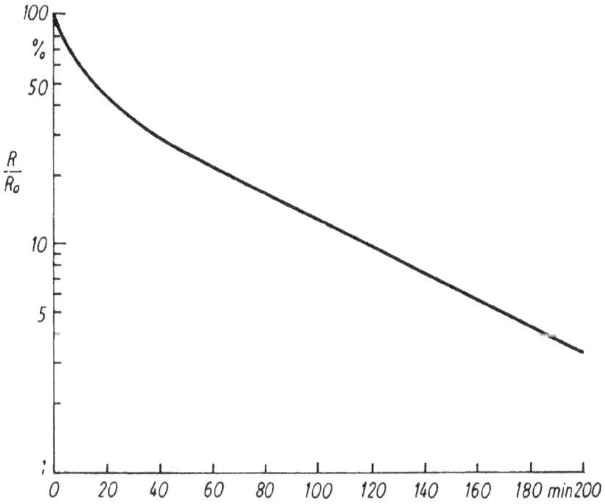

Bild 4. Radikalabklingkurve von bestrahltem Polyamidseidengewirke in Luft

wird und mit weiter steigender Mikrowellenleistung nunmehr immer mehr Einzelheiten verlorengehen.

Bei einer Mikrowellenleistung von 6 dB befindet man sich mitten im Sättigungsgebiet, und das ursprüngliche 5-Linienspektrum ist zu einem breiten Singulett entartet. Um unterhalb des Sättigungsgebietes zu arbeiten, wurden alle hier beschriebenen ESR-Untersuchungen an bestrahlten Polyamidfaserstoffen bei einer Dämpfung von 25 dB durchgeführt, was einer Mikrowellenleistung von etwa 0,5 mW entsprach.

4.2. ESR-Untersuchungen an bestrahltem Polyamidseidengewirke

4.2.1. Aufnahme einer Radikalabklingkurve von bestrahltem Polyamidseidengewirke in Luft

In Bild 4 wird eine Radikalabklingkurve von bestrahltem Polyamidseidengewirke in Luft dargestellt. Die entsprechenden, hier nicht gezeigten ESR-Spektren wurden zweimal integriert, und die zu einem beliebigen Zeitpunkt nach Bestrahlungsende noch vorhandene Radikalmenge R wurde auf die zum Zeitpunkt $t = 0$ unmittelbar nach der Bestrahlung vorhanden gewesene Radikalmenge R_0 (= 100%) bezogen. Die ESR-Untersuchungen wurden — außer den Messungen zum Zeitpunkt $t = 0$ — bei Zimmertemperatur durchgeführt. Bei den in Bild 4 dargestellten Versuchsergebnissen wurden die Proben als Streifen bestrahlt und erst nach dem Bestrahlen für die ESR-Untersuchungen zu Röllchen umgeformt. Man entnimmt Bild 4, daß nach etwa 2 h Aufbewahrung der Versuchsproben bei Zimmertemperatur an Luft nur noch 10% der ursprünglichen Radikalmenge vorhanden ist.

4.2.2. Untersuchung des Pfropfprozesses von Acrylamid auf bestrahltes Polyamidseidengewirke bei 25 und 40°C

In Bild 5 wurde der eigentliche Pfropfvorgang bei 25 °C untersucht. Die Versuche wurden derart durchgeführt, daß die bei Zimmertemperatur bestrahlten und darauf sofort in flüssigem Stickstoff aufbewahrten Probenröllchen zunächst bei der Temperatur des flüssigen Stickstoffs im EPR-Spektrometer durchgemessen wurden. Daraufhin wurden sie aus dem flüssigen Stickstoff herausgenommen und eine bestimmte

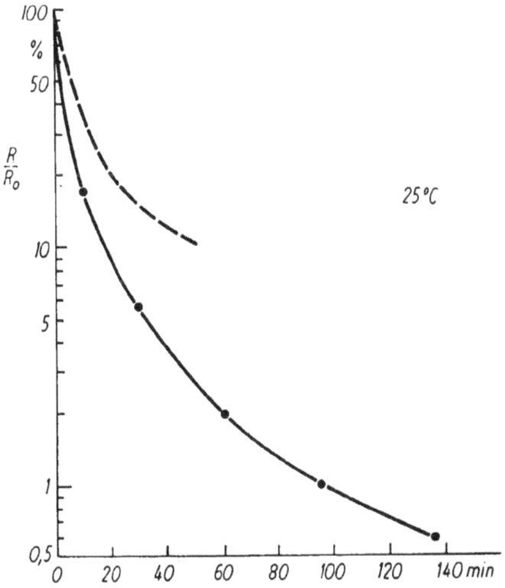

Bild 5. Radikalabklingkurve von bestrahltem Polyamidseidengewirke beim Pfropfprozeß

Pfropftemperatur: 25 °C
gestrichelt: Radikalabklingkurve bei Aufbewahrung der Probe in Wasser

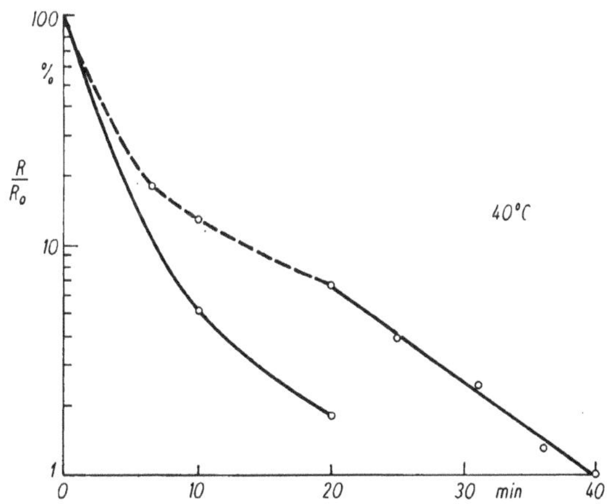

Bild 6. Radikalabklingkurven von bestrahltem Polyamidseidengewirke beim Pfropfprozeß

Pfropftemperatur: 40 °C
gestrichelt: Radikalabklingkurve bei Aufbewahrung der Probe in Wasser

Tabelle 1.

Material	Radikale	Temperatur bei Aufnahme des ESR-Signals
halbkristalliner, biaxial gereckter Polyamid-MXD-6-Film von 0,025 mm Dicke (3,81 cm × 15,25 cm)	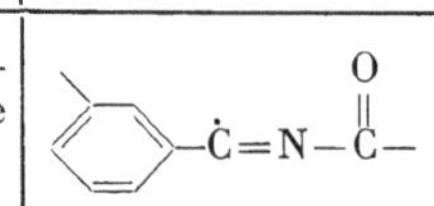	107 °C 113 °C 121 °C
ungerecktes Polyoxamid I und II sowie 8,2 und 12,2 Polyamid		−78 °C bzw. −196 °C
Poly-ε-caprolactam N-butylbutyroamid und N-butylpropionamid		−196 °C
Polycaproamid und deuterierte Polycaproamide	$-CH_2-CO-NH-\dot{C}H-CH_2-$	Zimmertemperatur
Polyamid 2-11	$NH-\dot{C}H-CH_2$ und $-\dot{C}-OH$	−196 °C bzw. 25 °C
ungereckte und gereckte KAPRONcord-Fäden Nm 10,7	$-CO-NH-\dot{C}H-CH_2-$ α-Radikal $-CH_2-CO-NH-CH=CH-\dot{C}H-$ $-CH_2-C(OH)=N-CH=CH-\dot{C}H-$ } β-Radikale	77 °K
ungereckte Polyamid-6-Fäden: kurzlebig, bei niedrigen Dosen → 5 Linien; höhere Dosen ↗ breites Singulett →	$-CO-NH-\dot{C}H-CH_2-$ α-Radikal $-CH_2-CO-NH-CH=CH-\dot{C}H-$ $-CH_2-C(OH)=N-CH=CH-\dot{C}H-$ } β-Radikale	Zimmertemperatur und −196 °C
orientierte Polyamide Polyamid 6,10, Polyamid 6,6, Polyamid 5,7 u. Polyamid 6	$-CONH\dot{C}HCH_2-$	−78 °C
Polyamid 6; 6,6; 6,8; 6,10; Polyamid 11	$CH_2-CO-NH-\dot{C}H-CH_2-$	77 °K bzw. 20 °C
Radiolyse von Polyamid	$-CONH\dot{C}HCH_2-$	
Einkristalle von ε-Caprolactam	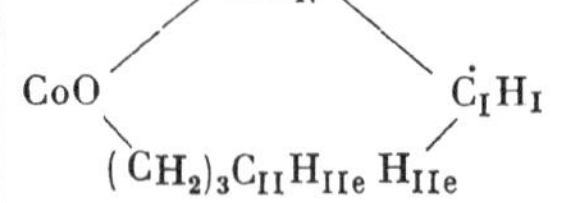	Zimmertemperatur
Polyacrylamid	$[-CH_2-\dot{C}H-CO-NH_2]_n$	Zimmertemperatur
polykristalline Proben von Methacrylamid	$CH_3-\dot{C}(CH_3)-CONH_2$ $CH_3-C(CH_3)(CONH_2)-CH_2-\dot{C}(CH_3)-CONH_2$	−196 °C und Zimmertemperatur
KAPRONfäden (Industriecord 10,7 gereckt und ungereckt)		77 °K
Schmelzgesponnene gereckte und ungereckte Polyamid-6-Fäden verschiedener Durchmesser mit und ohne Finish (DP 173)	$CH_2\dot{C}=O$ $\sim CH_2-\dot{C}H-CH_2 \sim$	−196 °C

Literaturauswertung

Bestrahlungsbedingungen						Autor
Dosis	Dosisleistung	Medium: N_2 bzw. Luft	Medium: Vakuum	Elektronen-beschleuniger	^{60}Co-γ	
41 Mrd bei 17 °C			×		2000 Ci	*Krasnansky* *Parker* *Florin* [2]
0,5…6 Mrd		N_2 bzw. Luft		2 Me V		*Matthies* *Schlag* *Schwartz* [3]
	$3{,}6 \cdot 10^5$ rd/h $4{,}32 \cdot 10^6$ rd/h $5{,}76 \cdot 10^6$ rd/h		×		1600 bis 70000 Ci	*Fomenka* *Beloded* *Abramova* *Brodskij* *Dar'eva* [4]
			×		×	*Brodskij* *Darieva* *Fomenko* *Kuchtenka* *Abramova* *Galina* *Furman* [5]
$5 \cdot 10^5$ R			×		× Röntgenstr. 35 kV HF-Entlad. 13 kV	*Ulbert* [6]
1,5…200 Mrd			×		1650 Ci	*Vansjackij* *Taranucha* *Kaliničenko* *Egerov* [7]
1,5…91,3 Mrd		Luft	×		×	*Shinohara* *Ballantine* [8]
$1 \cdot 10^8$ rd	$4{,}62 \cdot 10^8$ rd/h		×	1,5 Me V		*Kashiwagi* [9]
10 Mrd	0,6 Mrd/h		×		2 K Ci	*Graves* *Ormerod* [10]
						Sharpaty *Pravednikov* [11]
1 Mrd			×			*Kashiwagi* *Kurita* [12]
			×			*Charlesby* *Ormerod* [13]
11 Mrd			×		4000 Ci	*Faucitano, A.* [14]
6…500 Mrd	$5{,}4 \cdot 10^6$ rd/h	Luft (?)			×	*Taranucha* *Lebedev* *Vonsjackij* [15]
		Luft (?)		Hg-Höchstdrucklampe $\lambda > 2500$ Å		*Heuvel* *Lind* [16]

Zeitlang mit der Pfropflösung (Acrylamid) bei einer Pfropftemperatur von 25 °C kontaktiert. Darauf wurden die Proben aus der Pfropflösung herausgenommen, mit Filterpapier abgetrocknet und von neuem bei der Temperatur des flüssigen Stickstoffs im EPR-Spektrometer durchgemessen (ausgezogene Kurve). Dieses Verfahren wurde mehrere Male wiederholt. Die erhaltenen ESR-Spektren wurden zweimal integriert, und die unmittelbar nach dem Bestrahlen vorhandene Radikalkonzentration R_0 wurde wiederum zu 100% angesetzt. Die gestrichelte Kurve ergab sich, wenn die Proben nicht in der Pfropflösung, sondern in Wasser unter sonst gleichen Bedingungen aufbewahrt wurden. Bild 6 bringt die entsprechende Untersuchung des Pfropfvorganges bei einer Pfropftemperatur von 40 °C. Man erkennt, daß die Radikale in der Pfropflösung sehr viel rascher als in Luft und offenbar auch in Wasser abklingen. Dieser Prozeß verläuft bei Pfropftemperaturen von 40 °C schneller als bei Pfropftemperaturen von 25 °C. Bei einer Pfropftemperatur von 40 °C sind nach ca. 7 min, bei 25 °C dagegen nach ca. 18 min nur noch 10% der ursprünglichen Radikalmenge vorhanden.

4.2.3. Bestimmung des G-Wertes

Die Ausbeute bei strahlenchemischen Reaktionen wird durch den *G*-Wert charakterisiert. Dieser gibt an, wieviel Moleküle je 100 eV absorbierter Energie erzeugt bzw. umgesetzt wurden bzw. wieviel Radikale pro 100 eV absorbierter Energie gebildet wurden.

Zur Bestimmung des *G*-Wertes wurden ESR-Spektren von Polyamidseidengewirke in Abhängigkeit von der Bestrahlungsdosis bei konstanter Dosisleistung bei der Temperatur des flüssigen Stickstoffs aufgenommen. Die hierbei erhaltenen Spektren zeigt Bild 7. Betrachtet man die Spektren von links nach rechts, so fällt auf, daß die Spektren in Richtung höherer Bestrahlungsdosen immer symmetrischer werden. Stark ausgeprägt ist die Unsymmetrie besonders bei niedrigen Bestrahlungsdosen. Die gefundene unsymmetrische Signalform ist ein sicheres Anzeichen dafür, daß bei niedrigen Bestrahlungsdosen Peroxyradikale gebildet werden. Bei höheren Bestrahlungsdosen ist der Radikalbildungsmechanismus zwar derselbe, aber bei der Bestrahlung kann der Sauerstoff nicht so schnell nachdiffundieren, wie Radikale gebildet werden. Aus diesem Grunde wird der Anteil der Peroxyradikale bei höheren Bestrahlungsdosen immer geringer, und die Anzahl der Kohlenstoffradikale überwiegt.

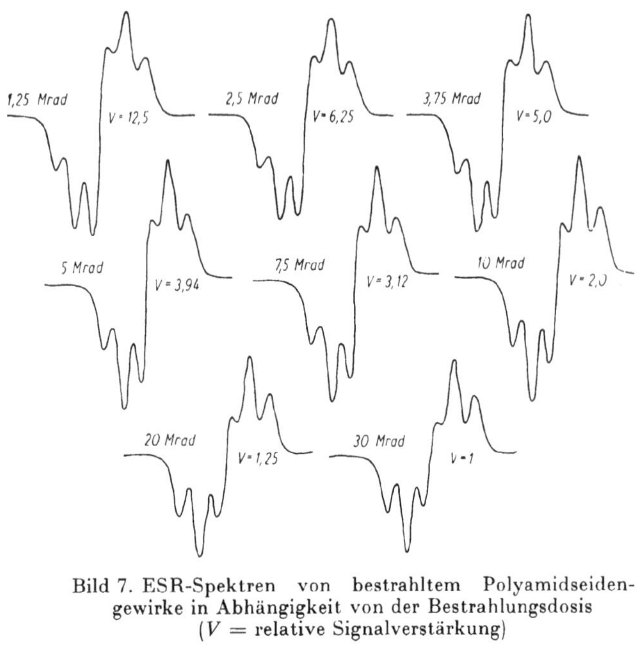

Bild 7. ESR-Spektren von bestrahltem Polyamidseidengewirke in Abhängigkeit von der Bestrahlungsdosis (V = relative Signalverstärkung)

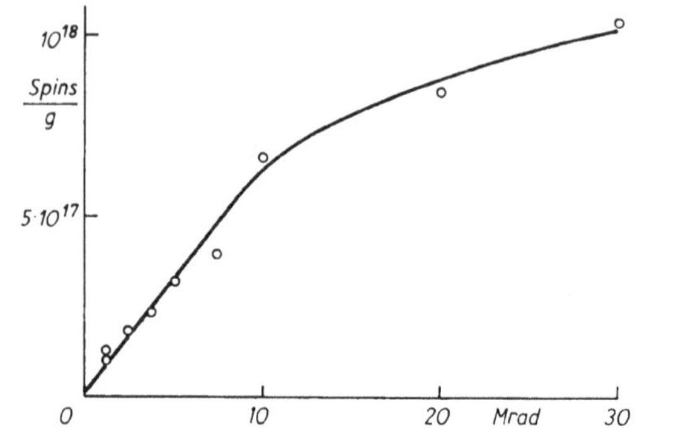

Bild 8. Radikalbildungskurve von bestrahltem Polyamidseidengewirke zur Bestimmung des *G*-Wertes

Wird aus den ESR-Spektren durch zweimalige Integration die Fläche unter den Adsorptionssignalen ermittelt und diese Fläche mit der einer Eichsubstanz verglichen, so läßt sich der *G*-Wert bestimmen. In Bild 8 ergibt sich nach dieser Methode aus dem linearen Teil der Radikalbildungskurve für bestrahltes Polyamidseidengewirke ein *G*-Wert von 0,1.

4.3. ESR-Untersuchungen an gepfropft-bestrahltem Polyamidseidengewirke

4.3.1. Untersuchung des Pfropfprozesses von Acrylamid auf gepfropft-bestrahltes Polyamidseidengewirke bei 25 *und* 40°C

Ähnliche ESR-Untersuchungen wie an bestrahlten Polyamidseidengewirkproben wurden an bestrahltem Polyamidseidengewirke durchgeführt, das nach dem Pfropfprozeß erneut bestrahlt und anschließend wiederum gepfropft wurde.

Bild 9 zeigt die ESR-Spektren einer gepfropft-bestrahlten Polyamidseidengewirkeprobe *von sehr hohem Pfropfgrad*, und zwar unmittelbar nach der Bestrahlung, sowie nach verschiedenen Pfropfzeiten (15 s, 10 min und 20 min) in Acrylamid bei 40 °C, die bei der Temperatur des flüssigen Stickstoffs im EPR-Spektrometer aufgenommen wurden. Unmittelbar nach dem Bestrahlen erkennt man im ESR-Spektrum der gepfropft-bestrahlten Proben eine Zentrallinie, die nach dem Kontaktieren der Probe mit der Pfropflösung sehr schnell bedeutend an Intensität verlor.

Bild 10 zeigt die entsprechenden ESR-Spektren einer gepfropft bestrahlten Polyamidseidengewirkeprobe, *aber von sehr niedrigem Pfropfgrad*, und zwar wiederum unmittelbar nach der Bestrahlung, sowie nach verschiedenen Pfropfzeiten (15 s, 10 min und 20 min) in Acrylamid bei 40 °C, die bei der Temperatur des flüssigen Stickstoffs im EPR-Spektrometer aufgenommen wurden. Im Vergleich zum vorigen Bild bemerkt man, daß mit einer Verringerung des Pfropfgrades ebenfalls auch die Zentrallinie in Spektrenmitte unmittelbar nach dem Bestrahlen an Intensität verloren

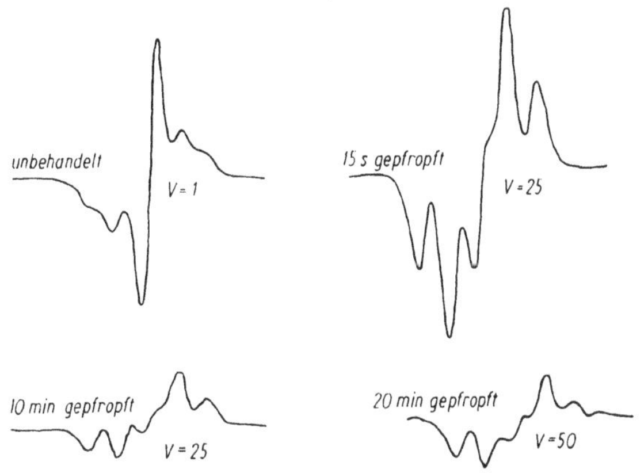

Bild 9. ESR-Spektren von gepfropft-bestrahltem Polyamidseidengewirke (hoher Pfropfgrad) nach verschiedenen Pfropfzeiten

Streifenlänge: 18,3 mm

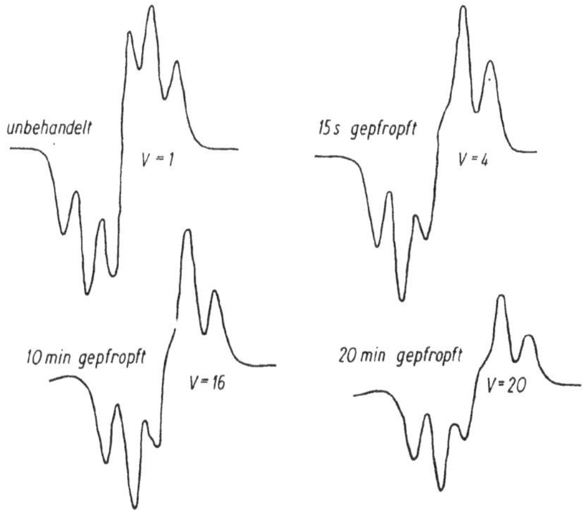

Bild 10. ESR-Spektren von gepfropft-bestrahltem Polyamidseidengewirke (schwächerer Pfropfgrad) nach verschiedenen Pfropfzeiten

Streifenlänge: 38 mm

hat und daß — erkennbar an den in diesem Bild geringeren relativen Signalverstärkungen — die Radikale der Probe mit dem höheren Pfropfgrad schneller abgeklungen waren als die Radikale der Probe mit dem schwächeren Pfropfgrad.

In Bild 11 wird die Radikalabklingkurve von gepfropft bestrahltem Polyamidseidengewirke beim Pfropfprozeß bei einer Pfropftemperatur von 25 °C gezeigt. Gestrichelt wurde die entsprechende Radikalabklingkurve bei Aufbewahrung der Probe in Wasser von 25 °C dargestellt. Es wurde die nach einer bestimmten Kontaktzeit noch vorhandene Radikalmenge R in Prozent angegeben, wobei die entsprechenden ESR-Spektren zweimal integriert und die unmittelbar nach dem Bestrahlen erhaltene Radikalmenge R_0 zu 100% angesetzt wurde.

In Bild 12 wird die entsprechende Radikalabklingkurve von gepfropft bestrahltem Polyamidseidengewirke beim Pfropfprozeß bei einer Pfropftemperatur von 40 °C dargestellt. Gestrichelt wurde wiederum die entsprechende Radikalabklingkurve bei Aufbewahrung der Probe in Wasser von 40 °C. Während bei einer Pfropftemperatur von 25 °C nach 10 min nur noch 10% der ursprünglichen Radikalmenge unmittelbar nach dem Bestrahlen vorhanden waren, so sind bei einer Pfropftemperatur von 40 °C schon nach ca. 30 s nur noch 10% der ursprünglichen Radikale unmittelbar nach dem Bestrahlen vorhanden. Bei gepfropft bestrahltem Polyamidseidengewirke läßt also ein erneuter Pfropfprozeß die Radikale noch rascher abklingen als bei bestrahltem und anschließend gepfropftem Polyamidseidengewirke.

Im Bild 13 werden ESR-Spektren einer mit 10 Mrd bestrahlten gepfropften Polyamidseidengewirkeprobe gezeigt, und zwar unmittelbar nach der Bestrahlung und 50 min nach der Bestrahlung, wenn die Probe an Luft bei Zimmertemperatur aufbewahrt wurde (gemessen bei der Temperatur des flüssigen Stickstoffs).

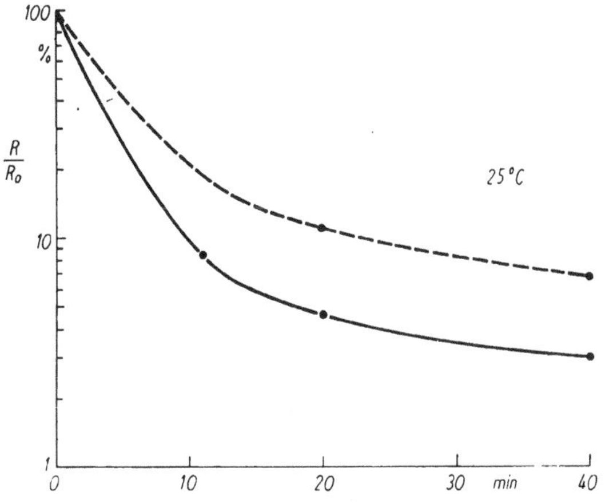

Bild 11. Radikalabklingkurve von gepfropft-bestrahltem Polyamidseidengewirke beim Pfropfprozeß

Pfropftemperatur: 25 °C

gestrichelt: Radikalabklingkurve bei Aufbewahrung der Probe in Wasser

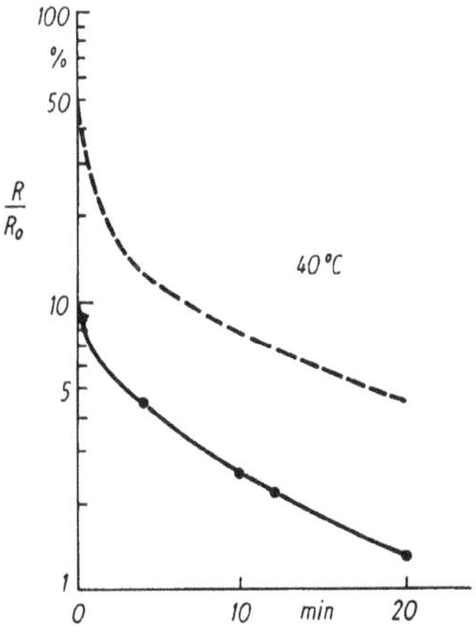

Bild 12. Radikalabklingkurve von gepfropft-bestrahltem Polyamidseidengewirke beim Pfropfprozeß

Pfropftemperatur: 40 °C

gestrichelt: Radikalabklingkurve bei Aufbewahrung der Probe in Wasser

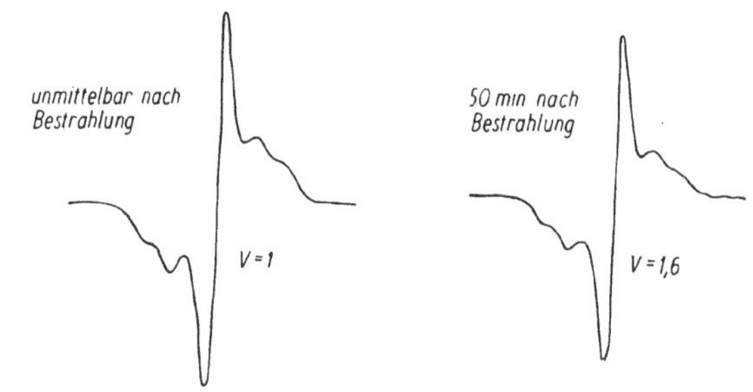

Bild 13. ESR-Spektren von gepfropft-bestrahltem Polyamidseidengewirke, unmittelbar nach der Bestrahlung (links) und 50 min nach Aufbewahrung in Luft bei Zimmertemperatur (rechts)

Die Spektrenform hat sich durch die Aufbewahrung an Luft nicht geändert, lediglich die Signalintensität ist etwas zurückgegangen, die Zentrallinie im Spektrum ist jedoch erhalten geblieben.

4.3.2. Bestimmung des G-Wertes

In Bild 14 wurden die ESR-Spektren von gepfropft bestrahlten Polyamidseidengewirkeproben in Abhängigkeit von der Bestrahlungsdosis bei der Temperatur des flüssigen Stickstoffs zur Bestimmung des G-Wertes aufgenommen. Die Spektrenform verändert sich nicht merklich, wenn die Dosis erhöht wurde.

In Bild 15 wird die aus Bild 14 durch zweimalige Integration der ESR-Spektren erhaltene Radikalbildungskurve dargestellt, deren linearer Teil einen G-Wert von 0,09 ergibt.

4.4. Beobachteter Streubereich bei der Bestimmung der absoluten Radikalkonzentration

In Bild 16 wird der Streubereich für die absolute Spinkonzentration von 11 unter gleichen Bedingungen bestrahlten Polyamidseidengewirkeproben angegeben. Man sieht, daß der apparativ und bestrahlungsmäßig bedingte Streubereich bei der Bestimmung absoluter Radikalkonzentrationen beträchtlich groß ist. Er kann nach *Bljumenfeld*, *Voevodskij* und *Semjonov* bis zu $\pm 40\%$ [17] betragen. Trotz dieses sehr großen Streubereiches bei der Bestimmung absoluter Radikalkonzentrationen können durch ESR-Untersuchungen sehr wesentliche Erkenntnisse gewonnen werden.

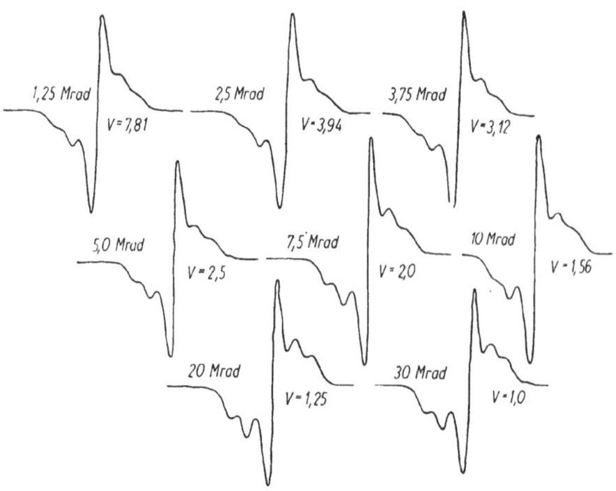

Bild 14. ESR-Spektren von gepfropft-bestrahltem Polyamidseidengewirke in Abhängigkeit von der Bestrahlungsdosis

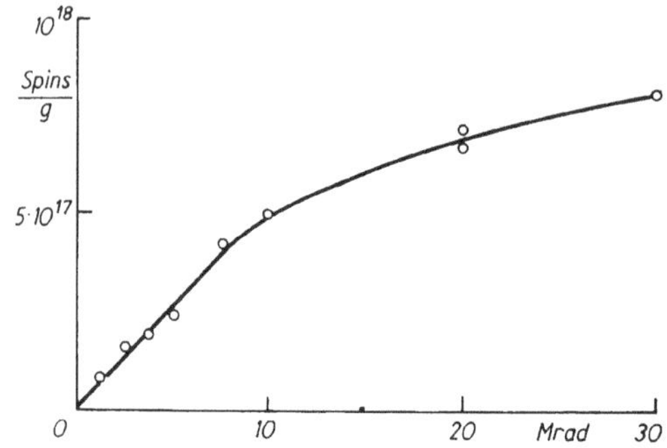

Bild 15. Radikalbildungskurve von gepfropft-bestrahltem Polyamidseidengewirke zur Bestimmung des G-Wertes

5. *Zusammenfassung*

Nach einleitenden Bemerkungen zur Elektronenspinresonanz und zum Meßprinzip der EPR wurde eine Literaturtabelle angegeben, in der die von den einzelnen Autoren verwendeten Polyamide, Bestrahlungsbedingungen und Bedingungen bei der Aufnahme der ESR-Spektren sowie die aus den ESR-Spektren ermittelten Radikale übersichtsmäßig dargestellt wurden. Anschließend wurde über eigene ESR-Untersuchungen an bestrahltem und gepfropft bestrahltem Polyamidseidengewirke berichtet.

Die besprochenen ESR-Untersuchungen dienten dazu, das Radikalabklingverhalten von mit 1-MeV-Elektronen bestrahltem Polyamidseidengewirke sowohl in Luft als auch in Wasser und Acrylamidpfropflösung kennenzulernen. ESR-Untersuchungen an bestrahltem Polyamidseidengewirke ergaben einen G-Wert von 0,1. Es zeigte sich, daß bei einer Aufbewahrung der bestrahlten Proben in Luft nach 60 min nur noch etwa 20% der ursprünglich beim Bestrahlen gebildeten Radikale vorhanden waren. In Wasser oder 8%iger Acrylamidlösung und vor allem bei höherer Temperatur waren die Radikale jedoch sehr viel rascher abgeklungen.

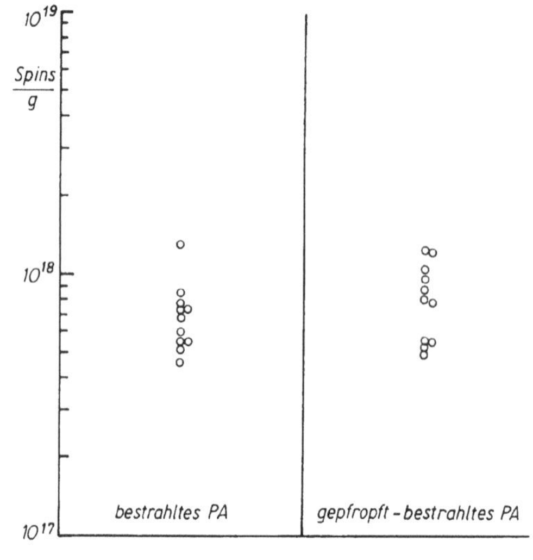

Bild 16. Streubereich bei der Bestimmung absoluter Radikalkonzentrationen von 11 unter gleichen Bedingungen bestrahlten Proben

Die durch eigene ESR-Untersuchungen erhaltenen Aussagen stehen in gutem Einklang mit an anderer Stelle durchgeführten Untersuchungen des Pfropfgrades von bestrahltem Polyamidseidengewirke in Abhängigkeit von der Pfropfzeit.

Literatur

[1] *van Wieringen, J. S.:* Paramagnetische Resonanz. Philips' Techn. Rdsch. **19** (1957/58) 11, S. 341—354.

[2] *Krasnansky, V. J., Parker, M. S.,* und *Florin, R. E.:* The effect of γ-irradiation on an polyamide. J. physic. Chem. **70** (1966) S. 40—46.

[3] *Matthies, P., Schlag, J.,* und *Schwartz, E.:* Bildung freier Radikale beim Verstrecken von Polyamiden. Angew. Chemie **77** (1965) S. 323—327.

[4] *Fomenko, A. S., Abramova, T. M., Dar'eva, E. P., Beloded, A. A.,* und *Brodskij, A. J.:* Strahlenchemische Umwandlungen von Poly-ε-caprolactam und einigen aliphatischen Amiden. Vysokomol. Soed. (Hochmol. Verbind.), Serija A **10** (1968) S. 507—514.

[5] *Brodskij, A. I., Fomenko, A. S., Abramova, T. M., Furman, R. G., Dar'eva, E. P., Kuchtenko, I. S.,* und *Galina, A. A.:* ESR-Spektren der bei γ-Bestrahlung von Polyamiden entstehenden Radikale. Dokl. Akad. Nauk SSSR (Ber. Akad. Wiss. UdSSR) **156** (1964) S. 1147—1149.

[6] *Ulbert, K.:* On the structure and properties of polyamides. XXIII. EPR spektra of polyamides irradiated by ionizing radiation. Coll. czechoslov. chem. Commun. **30** (1965) S. 3285—3293.

[7] *Vonsjackij, V. A., Taranucha, O. M., Kaliničenko, A. M.,* und *Egorov, Ju. P.:* PER-Spektren von γ-bestrahltem Polycaprolactam. Teoretič. i ėksperiment. Chim. (Theor. u. experiment. Chemie) **2** (1966) S. 384 bis 391.

[8] *Shinohara, Y.,* und *Ballantine, D.:* Free radicals in irradiated nylon. J. chem. Physics **36** (1962) 11, S. 3042 bis 3049.

[9] *Kashiwagi, M.:* Radiation damage in oriented polyamides. J. Polymer Sci., A-1: Polymer Chem. **1** (1963), S. 189—202.

[10] *Graves, C. T.,* und *Ormerod, M. G.:* The radiation chemistry of some polyamides. An electron spin resonance study. Polymer, London **4** (1963) S. 81—91.

[11] *Sharpaty, V. A.,* und *Pravednikov, A. N.:* Formation of radicals in polymers. J. Polymer Sci., C: Polymer Symposia (1967) 16, S. 1599—1607.

[12] *Kashiwagi, M.,* und *Kurita, Y.:* Electron spin resonance of irradiated single crystals of ε-caprolactam. J. chem. Physics **40** (1964) S. 1780—1782.

[13] *Charlesby, A.,* und *Ormerod, M. G.:* 5 th Intern. Symp. Free Radicals, Uppsala 11-1 (Vgl. auch: Atlas of Electron spin Resonance spectra. *Benon H. J. Bielski* und *Janusz M. Gebicki,* Brookhaven National Laboratory, Upton, New York. New York und London: Academic Press 1967, S. 16.

[14] *Faucitano, A.:* ESR study of the γ-ray induced solide state postpolymerization of methacrylamide. Gior. Chimica Ind. Appl. Ind. Chimica **52** (1970) 5, S. 427—432.

[15] *Taranucha, O. M., Vonsjackij, V. A.,* und *Lebedev, Ja. S.:* Paramagnetische Relaxation von Makroradikalen, die in γ-bestrahltem Polycaprolactam stabilisiert werden. Theoretič i eksperiment. Chim. (Theor. u. experiment. Chemie) (1970) 2, S. 234—242.

[16] *Heuvel, H. M.,* und *Lind, K. C. J. B.:* ESR study of the initial reaction of the photodegradation of nylon 6. J. Polymer Sci., A-2: Polymer Physics **8** (1970) S. 411 bis 415.

[17] *Bljumenfeld, L. A., Voevodskij, V. V.* und *Semjonov, A. G.:* Die Anwendung der paramagnetischen Elektronenresonanz in der Chemie. Leipzig: Akad. Verlagsges. Geest u. Portig 1966.

Eingegangen am 24. Juli 1974

Studie zum Stauchverhalten und dessen Beziehungen zu Gebrauchseigenschaften am Beispiel synthetischer Monofile

Wolfgang Bobeth), Heidemarie Faulstich**) und Harald Tausch-Marton*[1])

*) *Akademie der Wissenschaften der DDR, Institut für Technologie der Fasern in Dresden*

**) *Technische Universität Dresden, Sektion Verarbeitungs- und Verfahrenstechnik, Bereich Textiltechnik*

DK 677.494.6/.7:677.861.523:677.017.4:677.017.8

Einschlägiger Literatur ist zu entnehmen, daß die Untersuchung des axialen Druckverhaltens von Faserstoffen ein bisher nur wenig behandeltes und verfahrenstechnisch schwieriges Gebiet ist, das aber zusätzliche Aussagen über das Faserstoffverhalten erwarten läßt. Mit der Kenntnis des Axialdruckverhaltens — vorerst an groben Monofilen untersucht — wird es möglich, noch vielseitiger Rückschlüsse auf Gebrauchseigenschaften der Faserstoffe zu ziehen, die insbesondere mit Biege- und Biegeerholungsvorgängen verknüpft sind.

Исследование сжимаемости нитей и ее связи с эксплуатационными свойствами на примере синтетических моноволокон

Из специальной литературы видно, что изучению осевой сжимаемости нитей до сих пор было посвящено лишь небольшое число работ, что, повидимому, объясняется затруднениями при проведении испытаний. Однако, при применении таких исследований можно ожидать получения дополнительных данных о свойствах нитей. Изучение осевой сжимаемости — сначала толстых моноволокон — дает возможноость более обширной оценки эксплуатационных свойств волокон, связанных, в особенности, с процессами утомления этих материалов.

Study on the Axial Compression Behaviour and the Relationship to the Performance Characteristics of Synthetic Monofilaments

The study of pertinent literature proves that the axial compression of fibres is a difficult topic and has only less been considered, but can contribute additional knowledge on the behaviour of fibres. The knowledge gained until now with coarse monofilaments allows numerous conclusions to the performance characteristics, particularly to bending and recovery processes.

0. Einleitung

Zur Erfassung des Stauchverhaltens von Faserstoffen wurde ein Verfahren für Axialdruckprüfungen entwickelt, das vorerst für Borsten und Drähte (Monofile) Einsatz finden kann. Der Prüfling unterliegt hierbei einer axialen Druckbeanspruchung, die der Zugbeanspruchung in Faserlängsachse genau entgegengerichtet ist (Bild 1). Dabei werden die unter axialer Druckspannung auftretenden Stauchungen sowie die Faserstoffkenngrößen Axialdruckfestigkeit, Anfangselastizitätsmodul/Axialdruck usw. [1] erfaßt. Als Prüfling dient eine zylindrische Probe mit definiertem Verhältnis von Höhe zu Durchmesser. Die Prüfung erfolgt zwischen zwei planparallelen Druckplatten.

Die ersten Veröffentlichungen über das Axialdruckverhalten von Chemiefasern erschienen 1960 gleichzeitig von *S. Backer* [2] und *J. B. Miles* [3]. *S. Backer* beschränkte sich auf Polyamid- und Polyäthylenborsten aus einer Versuchsproduktion. Ein Jahr später veröffentlichte *E. F. Denby* [4] Ergebnisse aus seinen Axialdruckuntersuchungen an Keratinfasern. *H. M. Elder* [5] kritisierte in einer 1965 erschienenen Arbeit die unterschiedlichen Ergebnisse von *S. Backer* und *J. B. Miles* sowie die von *E. F. Denby* angestellten Untersuchungen, da die Versuchsbedingungen nicht im notwendigen Umfang ausgewiesen wurden. Drei weitere Autoren führten Axialdruckprüfungen zur indirekten Untersuchung anderer Materialeigenschaften durch, so *G. Binder* und *F. H. Müller* [6] zur Klärung von Wärmeeffekten bei der Reckung und *P. Peschel* [7, 8] in Verbindung mit theoretischen und praktischen Untersuchungen über das Biegeverhalten. In neuerer Zeit erschien von *J. B. Miles* eine Veröffentlichung [9], in der er frühere Ergebnisse seiner Arbeiten zusammenfaßt und darüber hinaus auf die Beeinflussung der Zug- und Axialdruckprüfwerte durch unterschiedliche Prüftemperaturen eingeht. In einer kürzlich erschienenen Veröffentlichung stellen *Ju. A. Savickis* und *A. K. Kijauskas* [10] ein Gerät zur Prüfung des Verhaltens von Monofilen bei radialem und axialem Druck vor. Sie untersuchten damit Polyäthylen und Polypropylen hinsichtlich des Axialdruck- und Zugverhaltens und kommen zu tendenzähnlichen Ergebnissen wie die Verfasser.

Alle zitierten Autoren haben häufig unter verschiedenen, z. T. nicht definierten Prüfbedingungen gearbeitet und gelangen daher teilweise zu unterschiedlichen Aussagen. Das bezieht sich sowohl auf die Anfertigung der Proben als auch auf das Prüfverfahren selbst. Auch werden nur Axialdruckkennwerte wie Festigkeit, Anfangselastizitätsmodul, Stauchung und Elastizität ermittelt. Auf grundlegende Zusammenhänge zwischen den Basiskennwerten für Zug- und Axialdruck und dem Gebrauchsverhalten bei kombinierten Beanspruchungen wird kaum eingegangen. Es wird deshalb in dieser Studie versucht zu klären, welche strukturbedingten Zusammenhänge zwischen den Kennwerten für Zug- und Axialdruck und wichtigen kombinierten Belastungsarten an den ausgewählten Materialien bestehen.

[1]) Jetzt Forschungsinstitut für Textiltechnologie, Karl-Marx-Stadt

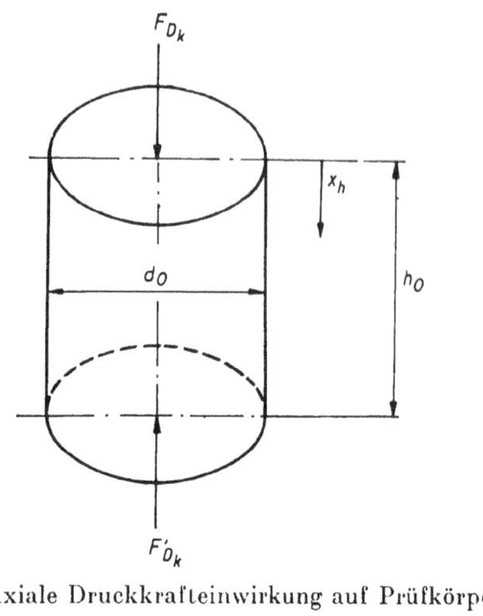

Bild 1. Axiale Druckkrafteinwirkung auf Prüfkörper

1. Zielstellung und Materialien der Untersuchungen

In früheren eigenen Arbeiten [1, 11] wurden ein reproduzierbares Verfahren zur Probenfertigung sowie ein Axialdruckprüfverfahren und -gerät vorgestellt. Mit diesen Geräten, die hier nicht nochmals beschrieben werden sollen, konnten weitere textilphysikalische Untersuchungen mit folgenden Zielstellungen vorgenommen werden:

- Ermittlung von Prüfwerten für Zug- und Axialdruckverhalten verschiedener synthetischer Monofile unter für beide Prüfverfahren vergleichbaren Bedingungen,
- Deutung der Unterschiede zwischen Zug- und Axialdruckverhalten auf Basis des Belastungsmechanismus und der Kenntnisse über die makromolekulare Struktur der Faserstoffe,
- Versuch der Formulierung von offensichtlichen Gesetzmäßigkeiten, die zwischen Zug- und Axialdruckkennwerten einerseits und einigen das Gebrauchsverhalten bestimmenden Kennwerten andererseits bestehen,
- Diskussion der in der Fachliteratur dargestellten widersprüchlichen Ergebnisse zum Axialdruckverhalten von Faserstoffen.

Die Probenauswahl erfolgte unter dem Gesichtspunkt, gegebenenfalls vorhandene Korrelationen bzw. Gesetzmäßigkeiten an einem möglichst breiten Spektrum synthetischer Monofile zu erfassen. Dazu wurden einerseits grobe Monofile aus Polyamid (PA), Polyester (PE), Polyvinylchlorid (nachchloriert) (PVC) und Polyurethan (PU) und andererseits verschiedene Varianten einiger dieser Grundtypen[1]), nämlich Polyamid 6-I, -II, -III und Polyester-I, -II, -III herangezogen[2]).

2. Prüfung des Axialdruck- und Zugverhaltens

Axialdruck und Zug wirken im Probekörper in gleicher, aber entgegengesetzter Richtung. Ein Vergleich der Verhaltensweise des Probekörpers gegenüber beiden Beanspruchungsarten erfolgt anhand der Kennwerte Zugfestigkeit und Axialdruckfestigkeit sowie Anfangselastizitätsmodul/Zug und Anfangselastizitätsmodul/Axialdruck.

Einen Überblick über die Ergebnisse der Zugprüfung[3]) vermittelt Bild 2 und die der Axialdruckprüfung[4]) Bild 3. Bereits der visuelle Vergleich der Versuchsergebnisse zeigt, daß bei den vier verschiedenen Faserstoffen Polyamid, Polyester, Polyvinylchlorid und Polyurethan auf Grund der unterschiedlichen chemischen Konstitution offenbar kein korrelativer Zusammenhang zwischen Zugverhalten und Axialdruckverhalten besteht. Im Gegensatz dazu kann zwischen je drei Typen der beiden Faserstoffe Polyamid und Polyester ein Zusammenhang[5]) festgestellt werden.

Die sehr auffälligen Unterschiede, die zwischen Zug- und Axialdruckverhalten gefunden wurden, veranschaulicht Bild 4, in dem Festigkeiten, Anfangselastizitätsmoduln und Verformung jeweils für Zug und Axialdruck einander gegenübergestellt sind. Die Polyamide weisen in der Reihung PA6-I, -II, -III eine wachsende Zugfestigkeit, einen Anstieg des Anfangselastizitätsmoduls/Zug und eine Abnahme der Reißdehnung auf. Hingegen sinken in der gleichen Reihung die Axialdruckfestigkeit und die Fließstauchung, was mit einem Abfall des Anfangselastizitätsmoduls/Axialdruck verbunden ist. Die Polyester weisen in der

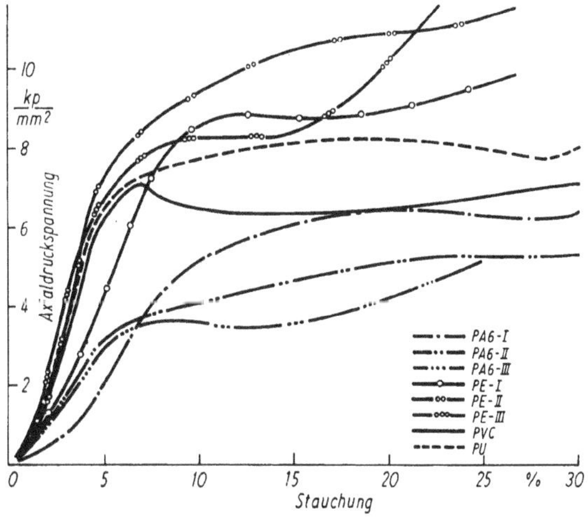

Bild 3. Axialdruckverhalten der Probenmaterialien

[1]) Die mit den Ziffern I, II, III versehenen Varianten eines Grundtypes stellen nicht näher zu bezeichnende Produkte mit unterschiedlichen Herstellungsparametern dar.

[2]) Bei allen Untersuchungen wurde vorwiegend mit Probendurchmessern von 500 μm gearbeitet.

[3]) Versuchsbedingungen nach TGL 0-53816

[4]) Versuchsbedingungen nach einem Standardvorschlag [11]

[5]) Korrelative Zusammenhänge sind auszugsweise in *Tabelle 1* erfaßt.

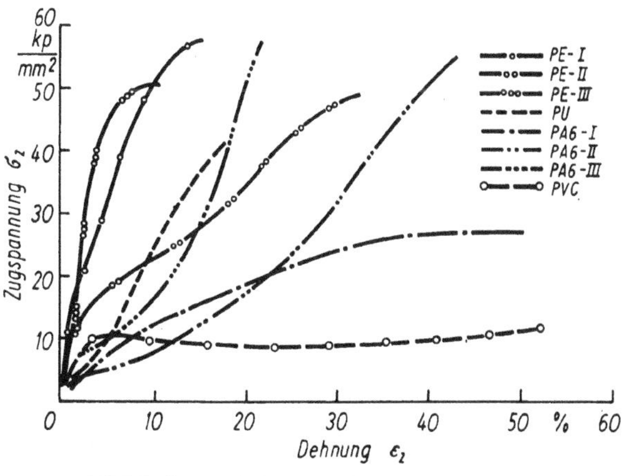

Bild 2. Zugverhalten der Probenmaterialien

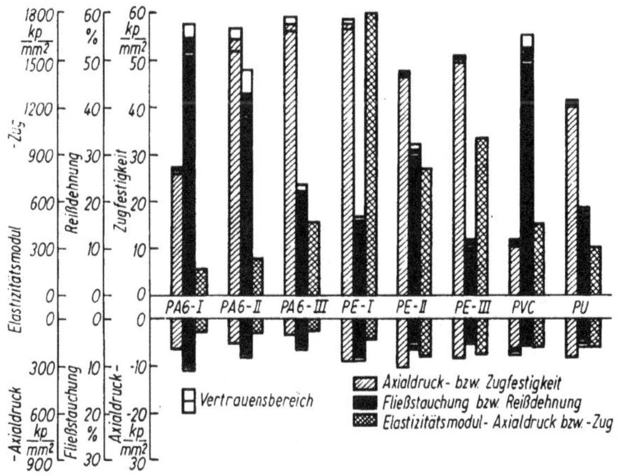

Bild 4. Gegenüberstellung des Zug- und Axialdruckverhaltens

Tabelle 1. *Ausgewählte Rangkorrelationskoeffizienten ϱ zwischen textilphysikalischen Kennwerten verschiedener synthetischer Monofile* ($S = 95\%$)

u — v	i	ϱ
Zug- und Axialdruck-festigkeit	PA 6-I, -II, -III PE -I, -II, -III	—1,0 —1,0
Elastizitätsmodul/Zug und -/Axialdruck	PA 6-I, -II, -III PE -I, -II, -III	—1,0 —1,0
Axialdruckfestigkeit und Torsionsmodul	PA 6-I, -II, -III PE -I, -II, -III	1,0 1,0
Relative Exzentrizität u. Torsionsmodul	PA 6-I, -II, -III	1,0
Relative Exzentrizität u. Scheuertouren	PA 6-I, -II, -III	1,0
Relative Exzentrizität u. Aufspringwinkel	PA 6-I, -II, -III	1,0
Relative Exzentrizität u. Gütezahl	PA 6-I, -II, -III	1,0
Elastizitätsmodul/Zug u. Biegemodul	PA 6-I, -II, -III PE -I, -II, -III PVC, PU	0,8
Elastizitätskennwert — /Axialdruck u. —/Radialdruck	PA 6-I, -II PE -I, PU, PVC	0,9

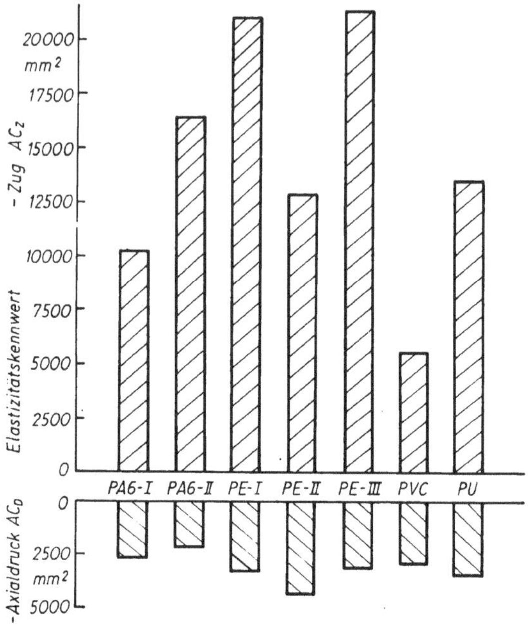

Bild 5. Gegenüberstellung der Elastizitätskennwerte

Reihung PE-II, -III, -I steigende Zugfestigkeit und steigenden Anfangselastizitätsmodul/Zug auf, und zwar bei gleichzeitiger Abnahme des Anfangselastizitätsmoduls/Axialdruck und der Axialdruckfestigkeit in der Reihung PE-II, -I, -III.

Für die drei Typen der beiden Faserstoffe Polyamid und Polyester kann weiterhin festgestellt werden, daß die Festigkeitseigenschaften und Elastizitätsmoduln in den beiden entgegengesetzten axialen Beanspruchungsarten eine negative Korrelation aufweisen. Dabei steht in allen Fällen der hohen Zugfestigkeit eine besonders niedrige Axialdruckfestigkeit gegenüber. Diese Aussage kann schon hier für die synthetischen Monofile grundsätzlich festgehalten werden. Sie wird neuerdings von *Savickis* und *Kijauskas* [10] bestätigt, steht aber im Widerspruch zum Verhalten vieler tierischer Borsten [12].

Eine Erklärung für die gegenüber den Kennwerten der Zugfestigkeit wesentlich niedrigeren Werte der Axialdruckfestigkeit wird in der durch das Recken erreichten Orientierung der Makromoleküle gesehen. Diese Orientierung kann durch Zugbeanspruchung gesteigert werden. Es besteht die Vorstellung, daß sich dabei die Anzahl nebenvalenter Bindungen noch erhöhen kann. Für die Axialdruckbeanspruchung wird angenommen, daß schon bei geringen Druckkräften die Orientierung abnimmt. Die Deformation vollzieht sich hier ohne wesentliche Zerstörung hauptvalenter Bindungen. Hingegen werden nebenvalente Bindungen bei Anlegen einer axialen Druckkraft *nacheinander* gelöst, was mit mehrfach niedrigerem Kraftaufwand als bei Zugbeanspruchungen erfolgt. Zu gegebener Zeit wird hierzu noch ausführlich berichtet.

Beim Vergleich der ausgewählten synthetischen Monofile untereinander sind keine Schlüsse vom Zugverhalten auf das Axialdruckverhalten und umgekehrt möglich. So weist Polyamid bei mittlerer Zugfestigkeit, kleinerem Anfangselastizitätsmodul/Zug und hoher Reißdehnung geringeren Anfangselastizitätsmodul/Axialdruck und verhältnismäßig hohe Fließstauchung auf, während Polyurethan bei ebenfalls mittlerer Zugfestigkeit, mittlerem Anfangselastizitätsmodul/Zug und mittlerer Reißdehnung durch hohe Druckfestigkeit, mittleren Anfangselastizitätsmodul/Axialdruck und geringere Fließstauchung charakterisiert ist. Die Anfangselastizitätsmoduln für Zug und Axialdruck unterscheiden sich bei Polyurethan von allen Materialien am wenigsten. Polyester ergibt mit hoher Zugfestigkeit, hohem Anfangselastizitätsmodul/Zug und geringer Reißdehnung hohe Druckfestigkeit bei hohem Anfangselastizitätsmodul/Axialdruck und mittlerer Fließstauchung und weist größte Unterschiede in den Anfangselastizitätsmoduln für Zug und Axialdruck auf. Polyvinylchlorid verzeichnet gegenüber Polyamid überraschend hohe Druckfestigkeit und hohen Anfangselastizitätsmodul/Axialdruck, verbunden mit geringer Fließstauchung. Demgegenüber stehen geringere Zugfestigkeit, mittlerer Anfangselastizitätsmodul/Zug und hohe Reißdehnung.

Zur Deutung dieser verschiedenartigen Tendenzen des Materialverhaltens soll ergänzend das elastische Verhalten[6]) herangezogen werden. Im Bild 5 sind dazu spezielle Elastizitätskennwerte AC_Z und AC_D über den

[6]) Bei konstanten Wechselkräften wurde mit Kraftstufen von 20%, 40%, 60% der Reißkraft bzw. der Axialdruckfließkraft gearbeitet. Die Versuchsauswertung erfolgt graphisch im doppeltlogarithmischen Koordinatensystem nach der Funktion $\lg D_{el} = \lg C - m \lg L$. Als Vergleichskenngrößen für das elastische Gesamtverhalten wurden, bezogen auf gleiche Beanspruchungsspannungen, die Flächen AC_Z, AC_D bzw. AC_Q unter den Kurven $C = f(\sigma_Z, \sigma_D, \sigma_Q)$ herangezogen und als Elastizitätskennwert — Zug, —Axialdruck bzw. —Radialdruck bezeichnet [11]

Spannungsbereich von 0 bis 80% der jeweiligen Festigkeit einander gegenübergestellt. Grundsätzlich geht daraus hervor, daß auch das elastische Verhalten bei Zugbeanspruchung mehrfach besser ist als das bei Axialdruckbeanspruchung.

Die jeweils drei untersuchten Typen der Polyamid- und Polyester-Monofile weisen auf Grund unterschiedlicher Herstellungsbedingungen (Polymerisation, Erspinnen und Nachbehandlung) unterschiedliche Festigkeitskennwerte auf. Es stehen generell sehr hohe Kennwerte für die Zugfestigkeit bzw. -elastizität besonders niedrigen für die Axialdruckfestigkeit bzw. -elastizität gegenüber und umgekehrt.

Beim Vergleich der vier verschiedenen Monofilarten (Bild 4) untereinander sind keine einheitlichen Tendenzen zu verzeichnen. Bei Zugbeanspruchung folgen in der Wertung nach PA6-III und PE-I die Proben PA6-II, PE-III, PE-II, PU, PA6-I und PVC. Bei Axialdruckbeanspruchung steht PE-II an erster Stelle vor PU, PE-I, und PE-III; es folgen PVC, PA6-I und PA6-II.

Die Zugelastizität liefert bei Betrachtung lediglich der Mittelwerte der verschiedenen Polyester- und Polyamid-Typen die Reihung Polyester, Polyurethan, Polyamid, Polyvinylchlorid und die Axialdruckelastizität die Reihung Polyester, Polyurethan, Polyvinylchlorid Polyamid.

Zusammenfassend ist festzustellen, daß sowohl bei Zug- als auch bei Axialdruckbeanspruchung Polyurethan und Polyamid gegenüber Polyester als schlechter einzustufen sind. Polyurethan weist in beiden Beanspruchungsrichtungen noch relativ günstige Kennwerte auf. Polyamid liegt bei Zugbeanspruchung wesentlich besser als bei Axialdruckbeanspruchung. Polyvinylchlorid überrascht durch gutes Axialdruckverhalten.

Zur Deutung des unterschiedlichen Verhaltens der Probenmaterialien läßt sich auf Basis derzeitiger Kenntnisse folgendes sagen: Polyesterfaserstoffe bestehen aus offenen Ketten mit Benzolringen. Die gegenüber Polyamid höheren Festigkeiten und Anfangselastizitätsmoduln sind auf eine verstärkte Kristallisationstendenz zurückzuführen. Die vorhandenen Gruppierungen geben den Kettenmolekülen eine gewisse Versteifung, die deren bleibende parallele Anordnung begünstigt. Weiterhin sind die im Polyester wirkenden nebenvalenten Bindungskräfte, die Esterdipole sowie die π-Elektronen der Benzolkerne, nach *R. Bonart* [13] in unterschiedlichen kristallographischen Richtungen angeordnet, wodurch eine allseitige physikalische Vernetzung bereits innerhalb jedes einzelnen Kristallbereiches gegeben ist. Damit wird ein Abgleiten der Ketten bei Beanspruchung in axialer Richtung erschwert und zugleich das gute elastische Verhalten gegenüber Polyamid erklärbar.

Polyamidfaserstoffe sind lineare aliphatische Polymere. Die Molekülketten liegen häufig in den kristallinen Bereichen zickzackförmig innerhalb sogenannter Rostebenen. Gegenüber Polyester besteht eine wesentlich geringere Kristallisationstendenz, die nach *P. Schlack* und *K. Kunz* [14] mit einer zwar geringeren, aber doch guten Festigkeit und guten Dehnbarkeit einhergeht und im Vergleich mit Polyester einen wesentlich niedrigeren Anfangselastizitätsmodul/Zug bewirkt. Gegenüber Polyester wirken als starke nebenvalente Bindungskräfte lediglich die Wasserstoffbrücken. Diese bewirken innerhalb der Rostebenen hauptsächlich eine zweidimensionale Vernetzung zwischen den Kettenmolekülen. Die Rostebenen weisen zwar eine gute Scherfestigkeit auf [15, 16], können aber z. B. bei axialer Druckbeanspruchung, ähnlich wie die Blätter eines Buches, aneinander abgleiten. Daraus lassen sich die gegenüber Polyester schlechteren Axialdruckeigenschaften erklären.

Einfaches lineares Polyurethan ist strukturell eng mit den Polyamiden verwandt. Polyurethan U kristallisiert gut und erreicht einen hohen Orientierungsgrad. Die zickzackförmigen Ketten sind ebenso wie bei Polyamid zur Wasserstoffbrückenbildung befähigt. Ihre Anordnung entpsricht der β-Form der Polyamide. Im Gegensatz zu Polyamid enthält die Urethangruppierung ein zusätzliches Sauerstoffatom, das zur Hauptkette gehört und die Kette beweglicher macht. Die gleichen nebenvalenten Bindungen, gepaart mit dem zusätzlichen Sauerstoffatom, erklären die gegenüber Polyamid z. T. höhere Festigkeit und vor allem die guten elastischen Eigenschaften in beiden axialen Beanspruchungsrichtungen [17].

Das nur mäßig kristalline Polyvinylchlorid wird beim Recken zwar mechanisch anisotrop, ohne aber zu kristallisieren [13]. Durch die hohen Dispersionskräfte des Chlors sind nach *H. D. Noether* [18] zwischen den Molekülketten relativ hohe energetische Wechselwirkungen zu verzeichnen. Diese Tatsache kann die gegenüber Polyamid guten Anfangselastizitätsmoduln/Zug trotz verhältnismäßig geringer Zugfestigkeit erklären. Weiterhin besitzen die Polyvinylchloridmoleküle ein ebenes zickzackförmiges Kohlenstoffskelett [17], in dem die Cl-Atome in 1,3-Stellung abwechselnd *d*- und *l*-Konfiguration annehmen, wobei die syndiotaktische Form mit einer ataktischen wechseln kann. Diese sperrige Anordnung der Seitengruppen führt zu einer sterischen Hinderung bei der räumlichen Ordnung der Kettenmoleküle, die sich u. a. in der bereits erwähnten relativ mäßigen Kristallinität äußert. Die gegenüber Polyamid bei verhältnismäßig niedriger Zugfestigkeit erreichte hohe Axialdruckfestigkeit sowie die hohen Anfangselastizitätsmoduln/Axialdruck von Polyvinylchlorid sind darauf zurückzuführen, daß zur Stauchung der vorwiegend ungeordneten Makromoleküle des PVC mit deren willkürlichen Verknüpfungsstellen mehr Energie erforderlich ist als zur Stauchung der vorwiegend linear orientierten Makromoleküle des Polyamid. Bereits *W. Bobeth* und *B. Schubert* [12] schrieben dem Polyvinylchlorid wegen der Bildung zäher beständiger Molekülketten-Bausche infolge der Chloratome hohe Axialdruckfestigkeit zu.

3. *Ausgewählte textilphysikalische Kennwerte und deren Beziehung zum Stauchmechanismus*

Auf Basis der aufgezeigten Zusammenhänge von Axialdruck- und Zugeigenschaften interessiert nun, welche Beziehungen sich daraus zu anderen textilphysikalischen Eigenschaften und dem Gebrauchsverhalten ableiten lassen.

Unter diesem Gesichtspunkt wurden an den gleichen Proben Dauerbiegeprüfungen vorgenommen und der Biegemodul bestimmt sowie die Prüfungen des Knittererholungsvermögens durchgeführt. Um aber auch

Prüfverfahren, die in erster Überlegung keinen unmittelbaren Zusammenhang mit Axialdruck- und -zugverhalten vermuten lassen, auf bestehende Verbindungen zu testen, wurden auch das Torsions-, Scheuer- und radiale Druckverhalten untersucht.

Es ist zu erwarten, daß nicht nur die absoluten Kenngrößen für Axialdruck und Zug mit anderen Faserstoffeigenschaften im Zusammenhang stehen, sondern auch die Relation der Zug- zu den Axialdruckkennwerten maßgebend ist. Diese Relation wird durch die Kenngrößen $\varkappa$, e und δ, auf deren Bestimmung in einer späteren Veröffentlichung eingegangen wird, berücksichtigt. Der Kennwert $\varkappa$ ist das Verhältnis von Anfangselastizitätsmodul/Axialdruck zum Anfangselastizitätsmodul/Zug. Daraus kann nach *P. Peschel* [8] die Lage, d. h. die Exzentrizität e, der bei Biegung zwischen dem Bereich der Zug- und Druckspannungen auftretenden neutralen Zone berechnet werden. Diese Größe ist dimensionsbehaftet und wird unter Bezug auf den Durchmesser des Faserstoffes in die relative Exzentrizität δ umgerechnet. Liegt die neutrale Zone, auf die Faserachse bezogen, auf der Zugseite, wird die relative Exzentrizität mit einem positiven Wert, liegt sie auf der Druckseite, mit einem negativen Wert angegeben. Zur Untersuchung des Gebrauchsverhaltens wird δ mit in die weitere Betrachtung einbezogen.

3.1. Dauerbiegeverhalten und Biegemodul

Bei Biegung eines Stabes unterliegt der entstehende Außenbogen einer Zugspannung und der Innenbogen einer Druckspannung. Diese Beanspruchungskombination ist aus der Sicht der Thematik dieser Arbeit von besonderem Interesse und soll daher zunächst am Dauerbiegeverhalten der Proben näher untersucht werden.

Dauerbiegeverhalten

Bei Dauerbiegeversuchen übt bekanntlich die aufgebrachte Vorspannkraft einen wesentlichen Einfluß auf die Anzahl der Doppelbiegungen bis zum Probenbruch aus. Alle untersuchten Faserstoffe zeigen übereinstimmend mit steigender Vorspannkraft sinkende Anzahl von Doppelbiegungen. Mit zunehmender Vorspannkraft, abhängig davon, wieviel Prozent der Axialdruckfließkraft bzw. der Reißkraft diese Vorspannkraft entspricht, gelangt die Probe immer mehr vom Bereich elastischer in den Bereich plastischer Verformung. Ein Vergleich der an unterschiedlichen Proben enthaltenen Prüfwerte ist wenig sinnvoll, wenn als Vorspannkraft ein bestimmter Prozentsatz der jeweiligen Reißkraft oder der Axialdruckfließkraft gewählt wird, da diese bei allen Proben unterschiedliche Beträge annehmen. Zu Vergleichszwecken eignen sich lediglich die auf die Feinheit bezogenen Vorspannkräfte (Bild 6). Bei Polyamid steigt danach in der Reihung PA6-I, -II, -III und bei Polyester in der Reihung PE-III, -I, -II die Anzahl der Doppelbiegungen bis zum Probenbruch an. Die Vorspannkraft entsprach bei den Polyamidtypen in der angegebenen Reihung 133%, 170% und 230% der jeweiligen Axialdruckfließkraft. Das heißt, die durch Biegung hervorgerufenen Axialdruckspannungen wurden durch Zugspannungen kompensiert. Somit ist im vorliegenden Beispiel ausschließlich die Zugfestigkeit der Polyamide für das Dauerbiegeverhalten maßgebend.

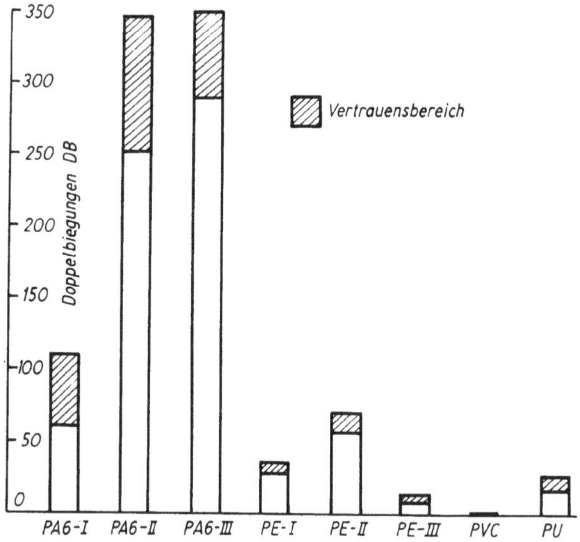

Bild 6. Dauerbiegeverhalten (Vorspannkraft = 7 p/tex)

Bei den Polyestertypen unterscheiden sich im Gegensatz zu den Polyamidtypen die allerdings auffallend niedrig liegenden Zugfestigkeiten nur wenig; die Vorspannkraft liegt unter den Axialdruckfließkräften, so daß sowohl Zug- als auch Axialdruckverhalten für das Dauerbiegeverhalten bestimmend sind. Von diesen Proben zeigt PE-II neben den höchsten Doppelbiegungen den geringsten Unterschied zwischen Anfangselastizitätsmodul/Axialdruck und Anfangselastizitätsmodul/Zug sowie die kleinste relative Exzentrizität δ der neutralen Zone (Bild 7).

Polyurethan widersteht trotz guter zug- und druckelastischer Eigenschaften und geringer relativer Exzentrizität der neutralen Zone im Vergleich zu den Polyamiden nur einer geringen Anzahl Doppelbiegungen. Polyvinylchlorid fällt bei einer Vorspannkraft von 7 p/tex auf Grund seiner geringen Zugfestigkeit völlig ab.

Auch hier ist festzustellen, daß zwischen Faserstoffen unterschiedlicher chemischer Konstitution ein Vergleich von Zug- und Axialdruckkennwerten sowie des Biegeverhaltens zu keinen brauchbaren Ergebnissen führt.

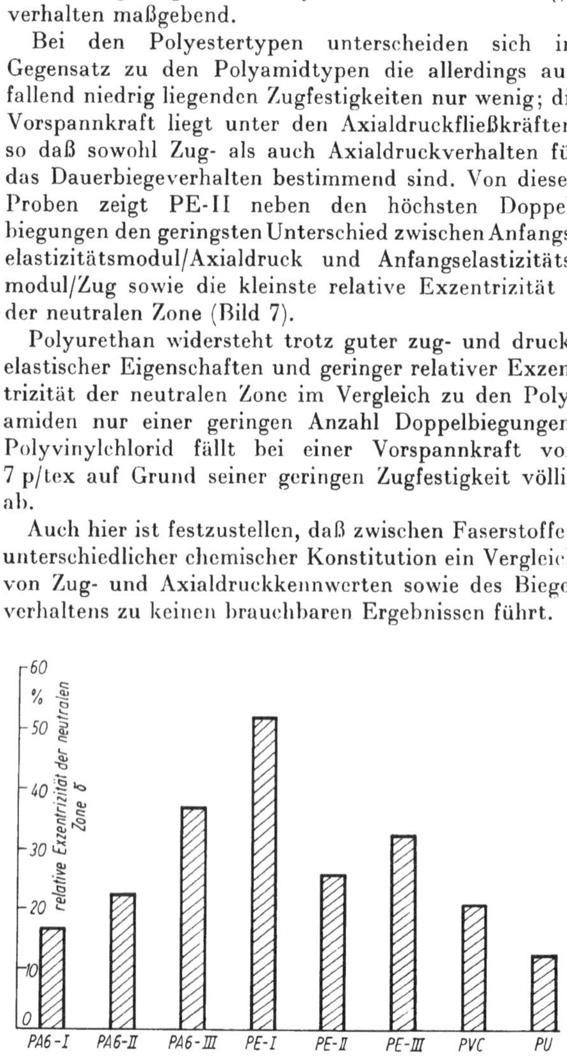

Bild 7. Relative Exzentrizität der neutralen Zone

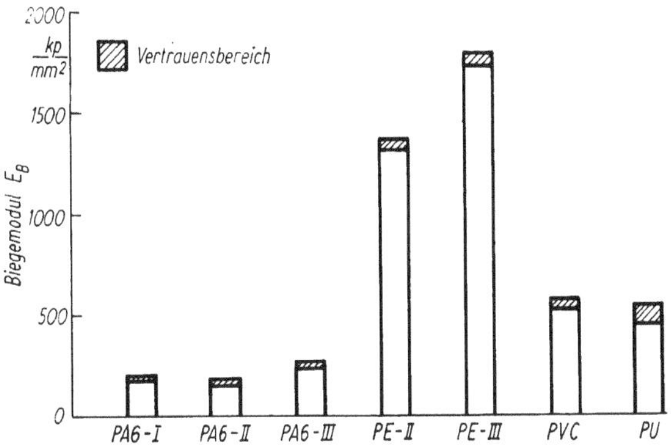

Bild 8. Biegemoduln

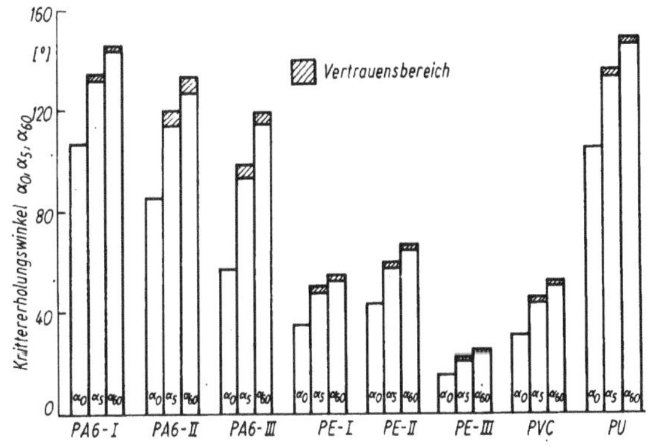

Bild 9. Knittererholungsverhalten

Biegemodul

Bei der Ermittlung des Biegemoduls [19] ist die Belastungsart eine andere als bei der Dauerbiegeprüfung, da keine Vorspannkraft auftritt, die sich den Biegespannungen überlagert. Außerdem findet ein einmaliger Biegevorgang statt, bei dem die Biegeerholung — im Gegensatz zur Dauerbiegeprüfung — nicht in die Messung eingeht. Der gegebene Biegewinkel $\alpha_B = 10°$ entspricht dabei einem Krümmungsverhältnis[7]) von 90 und ist mit einer Biegeverformung der Innen- und Außenzone von ungefähr 1% verbunden. Bei dem Verfahren zur Biegemodulbestimmung liegen die Verformungen somit im untersten elastischen Bereich, so daß vorwiegend der mehrfach größere Anfangselastizitätsmodul/Zug die ermittelte Biegesteifigkeit bestimmt. So zeigen in Bild 8 die Polyamid- und Polyestertypen mit steigender Zugfestigkeit steigende Biegemoduln. Polyvinylchlorid weist auf Grund seiner Struktur eine besondere Steifigkeit auf. Den sehr niedrigen Biegemoduln der Polyamide stehen hohe Werte an Doppelbiegungen bis zum Probenbruch gegenüber, während es bei den Polyestertypen gerade umgekehrt ist. Diese Tendenz ist anhand der unterschiedlichen Faserstoffstruktur erklärbar [13, 20].

Die Versuche lassen erkennen, daß auf Grund der verfahrensbedingten unterschiedlichen Beanspruchungsart kein direkter Zusammenhang zwischen der Anzahl der Dauerbiegungen bis zum Probenbruch und dem Biegemodul besteht. Gute Dauerbiegeeigenschaften gehen mit einer geringen positiven Exzentrizität konform; bei gleichen Exzentrizitäten ist das bessere Axialdruckverhalten maßgebend. Der Biegemodul wird maßgeblich von den Zugeigenschaften bestimmt, während die Größe der positiven Exzentrizität weitgehend ohne Einfluß ist. Rangkorrelationskoeffizienten bestätigen diese Zusammenhänge.

3.2. Messung des Knittererholungswinkels [21]

Nach Bild 9 steigt für Polyamid in der Reihung PA6-III, -II, -I und für Polyester in der Reihung PE-III, -I, -II der Knittererholungswinkel an. Bei den verschiedenen Typen eines Monofils ergibt sich bei einem Vergleich von Knittererholungswinkel, Doppelbiegungen bis zum Probenbruch und Biegemodul ein Zusammenhang in der Weise, daß ein guter Knittererholungswinkel mit geringem Biegemodul und gutem Dauerbiegeverhalten einhergeht. Ein Vergleich der verschiedenen Proben zeigt für Polyamid und Polyurethan das beste Knittererholungsverhalten, gefolgt von Polyester und Polyvinylchlorid. Bei geringstem Biegemodul und guter Dauerbiegebeständigkeit hat Polyamid bestes Knittererholungsvermögen zu verzeichnen. Polyurethan weist bei höherem Biegemodul und weniger Dauerbiegungen gegenüber Polyamid gleich gutes Knittererholungsverhalten auf. Bei Polyester wirkt sich der sehr hohe Biegemodul im geringen Knittererholungsverhalten aus, was, gemessen am Verhalten der handelsüblichen Polyesterfeintypen, allerdings überrascht. Polyvinylchlorid besitzt bei annähernd gleichem Biegemodul wie Polyurethan das schlechteste Knittererholungsverhalten. Das kann auf seine sperrige und bauschige Struktur, verbunden mit einer schlechten Elastizität, zurückgeführt werden.

Die in der Literatur zum Knitterverhalten vertretenen Ansichten sind zwar unterschiedlich, jedoch verweisen im Gegensatz zu *H. M. Elder* [5] eine Reihe Autoren wie *W. D. Freeston* und *M. M. Platt* [22], *W. J. Hamburger*, *M. M. Platt* und *H. M. Morgen* [23] sowie *P. Peschel* [24] darauf, daß gesetzmäßige Beziehungen zwischen Zugverhalten und Knitterverhalten von Fäden nicht bestünden und auf Grund der unterschiedlichen Verteilung von Zug- und Druckspannungen bei Biegung auch nicht zu erwarten seien.

Anhand der Versuchsergebnisse und unter Berücksichtigung der zum Dauerbiegeverhalten und Biegemodul gemachten Ausführungen kann der bei den verschiedenen Typen einer Probe gefundene Zusammenhang zwischen Knittererholungswinkel und Biegemodul nicht als allgemeingültig angesehen werden. Für den Knittererholungswinkel gilt vielmehr, ebenso wie für die Dauerbiegungen, eine gute Übereinstimmung mit dem Verhältnis von Anfangselastizitätsmodul/Axialdruck zu Anfangselastizitätsmodul/Zug. Eine kleine positive Exzentrizität der neutralen Zone bei Biegung führt dabei zu guten Knittererholungswinkeln. Sehr deutlich wird dies bei Gegenüberstellung der Bilder 7 und 9. Die Verbindung der Säulenendpunkte ergibt — von oben gesehen — in Bild 9 eine konkave, in Bild 7 dagegen eine konvexe Kurve.

[7]) Das Krümmungsverhältnis ist das Verhältnis von Biegedurchmesser d_B zu Probendurchmesser d_F; darauf wird in einer späteren Veröffentlichung näher eingegangen.

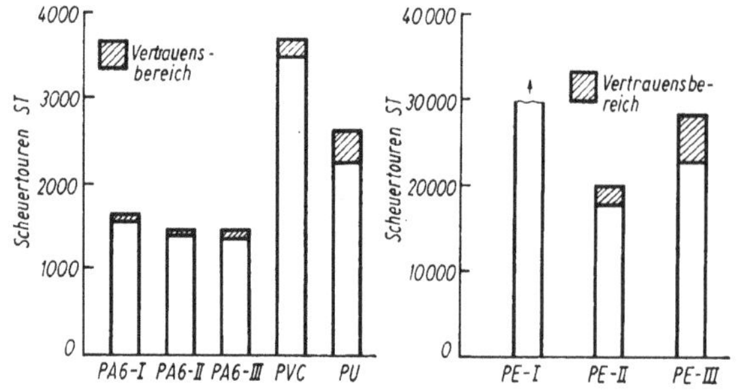

Bild 10. Scheuerverhalten

3.3. *Prüfung der Scheuerbeständigkeit*[8])

Die Anzahl der Scheuertouren bis zum Probenbruch fällt von PA6-I nach -III geringfügig ab, wobei die relativ weichen Polyamid-Monofile die geringste Scheuerbeständigkeit aufweisen (Bild 10). Etwas größer ist die Scheuerbeständigkeit des PVC und des Polyurethans. Die Polyestertypen zeichnen sich von PE-II über PE-III nach PE-I durch eine ganz hervorragende Scheuerbeständigkeit aus. Dies ist für Polyesterfaserstoffe (im Vergleich zu Polyamiden) ebenso ungewöhnlich wie das gefundene ungünstige Knitterverhalten. Verantwortlich dafür sind die für Borsten gegenüber Fasern stark veränderten Spinnbedingungen. Allgemeingültige Beziehungen zwischen Zug- bzw. Axialdruckverhalten und dem Scheuerverhalten sind nicht nachweisbar.

3.4. *Bestimmung des Torsionsmoduls*[9])

Die elastische Komponente des Torsionsmoduls [25] stellt einen Kennwert der Fasersprödigkeit dar (Bild 11). Das Verhältnis von Anfangselastizitätsmodul/Zug und Torsionsmodul ist außerdem ein Maß für die Anisotropie des Faserstoffes [26].

Die Torsionsmoduln sind bis auf das besonders spröde PVC zwischen den einzelnen Faserstoffen nicht sehr unterschiedlich. Überraschenderweise treten bei den Polyamid- und Polyestertypen gleiche Reihungen der Axialdruckfestigkeit und des Torsionsmoduls auf. Auch liegt für sämtliche untersuchten Faserstoffe eine gegenläufige Reihung zur Fließstauchung vor. Der Zusammenhang zwischen Axialdruckkennwerten und Torsionsmodul findet in einer Modellvorstellung von *S. P. Timoschenko* [27] seine Erklärung, der bei Torsion eines Zylinders durch die Schräglage der Mantellinien eine Verkürzung und damit Druckspannungen im Innern des Zylinders annimmt.

Das Verhältnis von Anfangselastizitätsmodul/Zug und Torsionsmodul sinkt in der Reihung Polyester, Polyamid, Polyurethan und Polyvinylchlorid, stimmt also mit der sich aus der Faserstoffstruktur ergebenden Anisotropie überein.

3.5. *Prüfung des Radialdruckverhaltens*[10])

Wird die durch eine Radialdruckkraft hervorgerufene mittlere Gesamtdeformation betrachtet (Bild 12), dann ist diese — über dem gesamten Belastungsbereich — bei den relativ weichen Polyamiden am höchsten. Polyvinylchlorid erweist sich wie bei allen anderen bisher geprüften Eigenschaften auch hier als hart und spröde, allerdings stark zunehmend erst bei höheren Belastungen. Polyurethan erweist sich härter als Polyamid und entspricht dem Polyester.

Die hohe Widerstandskraft von Polyurethan verdeutlicht Bild 13. Daraus ist die sehr geringe mittlere bleibende Deformation von Polyurethan ersichtlich; Polyvinylchlorid und auch der sehr feste Polyester

[8]) Die Scheuerprüfungen wurden am Reibungspulsator nach *W. Bobeth* und *G. Hahn* durchgeführt. Es wurde nach Verfahren II mit einer Vorspannkraft von 1,5 p/tex gearbeitet. Den Meßwert bildet die Anzahl der Scheuertouren bis zum Probenbruch.

[9]) Die Untersuchungen wurden seiner Zeit freundlicherweise vom ITC Rudolstadt Schwarza durchgeführt.

[10]) Zur Charakterisierung des mittleren quetschelastischen Verhaltens dienten die Flächen unter den Kurven $D_{elQ} = f(F_Q)$, $\varepsilon_{Q,bl} = f(F_Q)$ und $\varepsilon_{Qges} = f(F_Q)$, aus denen das mittlere elastische Quetschverhältnis D_{elQ} als Maß für die Elastizität, $\varepsilon_{Q,bl}$ als Maß für die Plastizität und ε_{Qges} als Maß für die Härte ermittelt wurden [28]. Da die anfangs hohe Elastizität meist schnell auf mehr oder minder konstante Endwerte zurückgeht, wurde für die Mittelwertbildung eine Unterteilung in die Bereiche 0 bis 200 p und 0 bis 645 p vorgenommen.

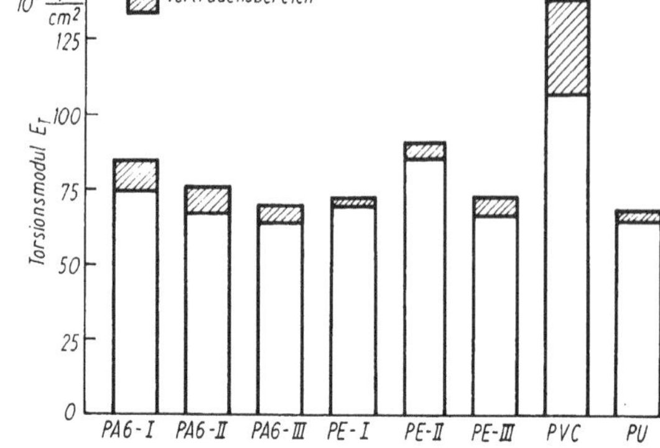

Bild 11. Torsionsmoduln

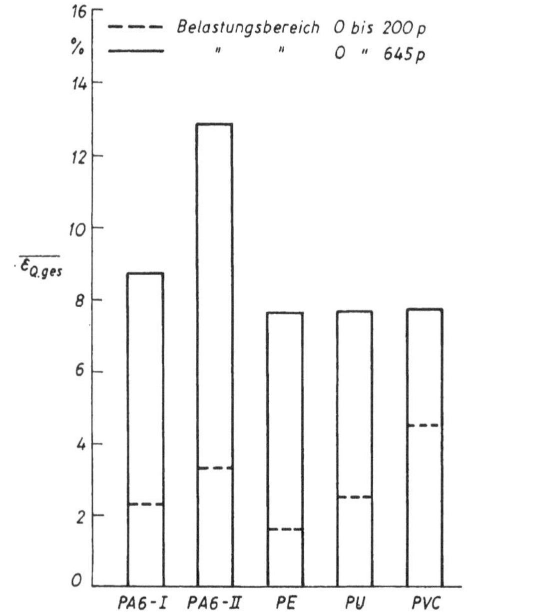

Bild 12. Radialdruckverhalten — mittlere gesamte Deformation

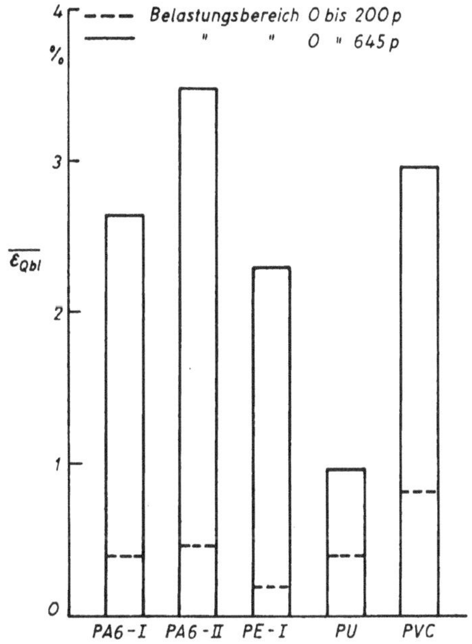

Bild 13. Radialdruckverhalten — mittlere bleibende Deformation

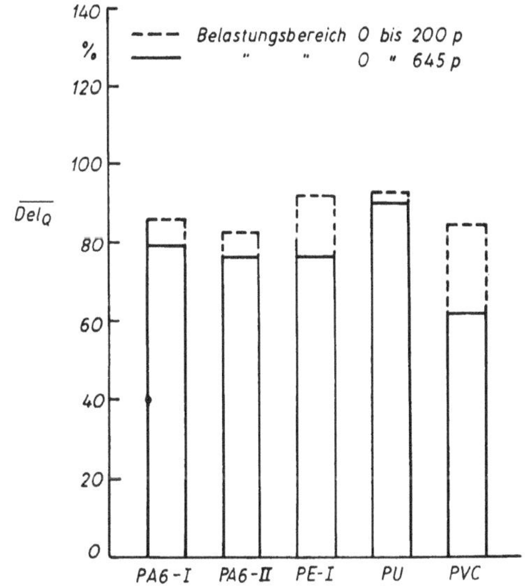

Bild 14. Radialdruckverhalten — mittleres elastisches Deformationsverhältnis

liegen wesentlich ungünstiger. Weiterhin kommt die sehr starke Abhängigkeit des Deformationsverhaltens vom Belastungsbereich zum Ausdruck. Bis zu geringen Belastungen besitzen alle Faserstoffe gute Radialdruckelastizität, während bei höheren Kräften zunehmend Plastizität auftritt. Auch die Polyamide unterliegen bei hohen Belastungen starken, bleibenden Verformungen.

Den besten Überblick über das radiale Druckverhalten der Faserstoffe vermittelt Bild 14 mit der Darstellung des mittleren elastischen Deformationsverhältnisses. Das Radialdruckverhalten weist in der Reihung Polyurethan, Polyamid, Polyester, Polyvinylchlorid ein vermindertes elastisches Verformungsverhältnis auf. Diese Tendenz stimmt mit den faserstoffstrukturbestimmenden Parametern überein.

Polyurethan nimmt infolge der beweglicheren Ketten auch bezüglich Radialdruckelastizität, Zug- und Axialdruckelastizität vor Polyamid eine Spitzenstellung ein. Polyester weist trotz guter Orientierung, Kristallinität und starken nebenvalenten Bindungskräften bei gegenüber Polyamid größerer Härte, aber geringerer Elastizität, eine kleinere Rückschnellelastizität gegenüber Radialdruck auf, zeigt aber bei Zug- und Axialdruck die weitaus besten Eigenschaften. Polyvinylchlorid besitzt strukturbedingt das schlechteste Radialdruckverhalten.

Für einen Vergleich des Verhaltens bei Zug-, Axialdruck- und Radialdruckbeanspruchung wurden die Werte bei einer Beanspruchungsspannung von ca. 5 kp/mm² herangezogen. In der Reihung Zug, Axialdruck, Radialdruck ergab sich eine Verschlechterung des elastischen Verhaltens. Während die Zugelastizität in dem betrachteten Bereich noch annähernd 100% betrug, war bei Axial- und Radialdruck bereits ein bedeutender Abfall zu verzeichnen, wobei die Radialdruckelastizitäten aber nur geringfügig unter denen für Axialdruck lagen. Bei den untersuchten Faserstoffen besteht guter korrelativer Zusammenhang zwischen Axial- und Radialdruck, der daraus resultiert, daß bei beiden Beanspruchungsarten die Querfestigkeit des Faserstoffes angesprochen wird und vorwiegend nebenvalente Bindungen beansprucht werden. Eine Kongruenz mit dem Zugverhalten fehlt daher. Auch *S. Morris* [29] kam wie *R. S. L. Lai* und *W. J. Onions* [30] nach umfangreichen Untersuchungen zu dem Schluß, daß der Radialdruckmodul niedriger als der Zugmodul ist und keine einfache Relation zwischen beiden besteht.

4. *Axialdruckverhalten und textilphysikalische Eigenschaften am Beispiel der Polyamidproben*

Beim Vergleich der an den verschiedenen Monofilarten erhaltenen Kennwerte können kaum hinreichend allgemeingültige Aussagen über die Wechselwirkungen zwischen Zug- und Axialdruckverhalten sowie bestimmter Gebrauchseigenschaften getroffen werden. Deshalb soll nachfolgend nur auf Polyamid 6 mit seinen drei Herstellungsvarianten hinsichtlich der untersuchten Eigenschaften eingegangen werden, um bestehende Zusammenhänge klarer herausstellen zu können.
Bild 15 enthält die ermittelten textilphysikalischen Eigenschaften der Polyamidtypen in einem Polardiagramm. Der Polyamidtyp I besitzt bei den niedrigsten Werten für Zugfestigkeit σ_Z, Anfangselastizitätsmodul/Zug E_Z und Elastizitätskennwert/Zug AC_Z die höchsten Werte für Axialdruckfestigkeit σ_D, Anfangselastizitätsmodul/Axialdruck E_D und Elastizitätskennwert/Axialdruck AC_D, somit auch den kleinsten Wert für die relative Exzentrizität δ, sehr hohe Werte für den Torsionsmodul E_T, die Scheuerbeständigkeit ST und die Gütezahl aus der Knitterwinkelprüfung K. Der Biegemodul E_B hat mittlere Größenordnung, und die Anzahl der Doppelbiegungen DB bis zum Probenbruch ist gering. Der Polyamidtyp III verhält sich gerade entgegengesetzt; er weist sehr hohe Festigkeitswerte in

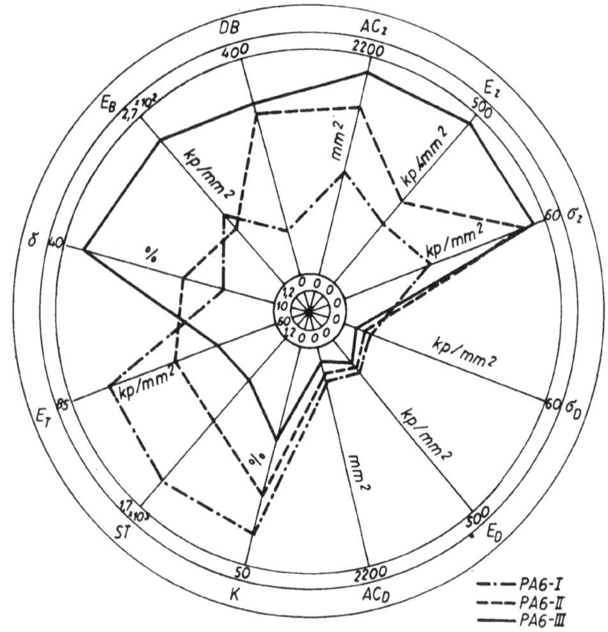

Bild 15. Übersichtsdarstellung textilphysikalischer Kennwerte von Polyamid-6-I, -II und -III

Zugrichtung und extrem niedrige in axialer Druckrichtung auf. Folglich ist er durch die höchste relative Exzentrizität δ der neutralen Zone gekennzeichnet. Dieser Typ zeigt die schlechtesten Werte für den Torsionsmodul, die Scheuerbeständigkeit und die Gütezahl des Knittererholungsverhaltens. Dafür ist sein Biegemodul und die Anzahl der Doppelbiegungen bis zum Probenbruch hoch. Mittlere Eigenschaften zeigt der Polyamidtyp II.

Im Beispiel korreliert also hohe Festigkeit in einer der beiden Beanspruchungsrichtungen mit hohem Elastizitätsmodul und guten elastischen Eigenschaften. Weiterhin ergibt eine Reihung der Festigkeits- und elastischen Eigenschaften in der einen axialen Beanspruchungsrichtung eine gegenläufige Reihung dieser Eigenschaftskennwerte in der anderen axialen Beanspruchungsrichtung.

Bedeutsam erscheint das Verhältnis von Axialdruck- zu Zugeigenschaften, das bei Biegungsbeanspruchung in der relativen Exzentrizität der neutralen Zone δ zum Ausdruck kommt. Es ergibt sich bei großen Unterschieden zwischen Anfangselastizitätsmodul/Axialdruck und -/Zug eine große Exzentrizität zur Zugseite hin, unabhängig davon, ob absolut große, mittlere oder kleine Werte der Anfangselastizitätsmoduln vorliegen. Eine große Exzentrizität der neutralen Zone zur Zugseite hin bedeutet, daß bei Biegung mehr als die Hälfte des Querschnitts auf Druck beansprucht wird. Da die Druckelastizität wesentlich niedriger als die Zugelastizität ist, wird sich bei allen die Gebrauchseigenschaften widerspiegelnden Kennwerten, wie z. B. Knittererholung und Dauerbiegung, die mit Biege- und Biegeerholungsvorgängen verbunden sind, das Erholungsverhalten bzw. das Ermüdungsverhalten verschlechtern. Bei gleichgroßer Exzentrizität erweist sich dabei das Material mit den absolut schlechteren Axialdruckeigenschaften als ungünstiger. Die erhaltenen Ergebnisse bestätigen diese Aussage. Auf die Ursachen des abweichenden Verhaltens der Dauerbiegung wurde bereits an anderer Stelle eingegangen.

Beim Torsionsmodul liegt eine gleichlaufende Abhängigkeit zur Axialdruckfestigkeit vor, die darin begründet ist, daß bei Torsion bestimmte Bereiche im Faserinneren auf Druck beansprucht werden. Steigende Anisotropie bedeutet erhöhte Steifigkeit und Sprödigkeit, verbunden mit einem höheren Biegemodul und verminderter Scheuerbeständigkeit. Schlußfolgernd ist festzustellen, daß zwischen stark voneinander abweichendem Axialdruck- und Zugverhalten, d. h. bei einer großen relativen Exzentrizität und einer erhöhten Steifigkeit und Sprödigkeit, ein Zusammenhang besteht. Eine Allgemeingültigkeit konnte anhand der Meßwerte nicht nachgewiesen werden.

Die Versuchsergebnisse an den drei Polyamidtypen lassen die eindeutige Aussage zu, daß auf Grund möglicher Einflüsse von Kondensation, Erspinnen und Nachbehandlung im Falle von verbesserten Zugeigenschaften eine Verschlechterung der Axialdruckeigenschaften die Folge ist, ebenso wie durch schlechtere Zugeigenschaften günstigere Eigenschaften in axialer Druckrichtung erreicht werden können. Es ist aber noch erforderlich, die komplex auf die Zug- und Axialdruckeigenschaften einwirkenden Parameter systematisch hinsichtlich ihrer Wirksamkeit einzeln zu erfassen, worüber demnächst berichtet wird.

5. *Zusammenfassung*

Ausgehend vom Axialdruckversuch und seinem Gegenstück, dem **Zugversuch**, wird an ausgewählten synthetischen Monofilen (ca. 500 µm Durchmesser) gezeigt, daß bei Kenntnis der im Prüfling bei jeder Art von Stauchung ablaufenden strukturellen Veränderungen sein Verhalten z. B. beim Biegen, Knittern, Tordieren, Quetschen besser gedeutet und über wichtige Parameter beeinflußt werden kann. Es ist deshalb notwendig, die wichtigsten Einflußparameter in weiteren Arbeiten näher zu untersuchen. Von besonderem Interesse erwiesen sich die Wechselbeziehungen zwischen Axialdruck- und Zugeigenschaften, die beeinflußbar sind und einen wesentlichen Einfluß auf die Gebrauchseigenschaften der Faserstoffe haben dürften.

Literatur

[1] *Bobeth, W., Faulstich, H., Sonntag, P.*, und *Tausch-Marton, H.:* Automatische Textilprüfung mit elektronischer Meßwerterfassung und Meßwertauswertung am Beispiel der Axialdruckprüfung. Faserforsch. u. Textiltechnik **21** (1970) 11, S. 453–459.

[2] *Backer, S.:* Compressional behavior of textile fibres. Textile Res. J. **30** (1960) 5, S. 405–407.

[3] *Miles, J. B.:* Compressional behavior of textiles fibres. Textile Res. J. **30** (1960) 5, S. 408–409.

[4] *Denby, E. F.:* Young's modulus of keratin in compression. Textile Res. J. **31** (1961) 1, S. 69–70.

[5] *Elder, H. M.:* The tensile, compressive and bending moduli of some monofilament materials. J. Textile Inst. **57** (1966) 1, S. T8–T14.

[6] *Binder, G.*, und *Müller, F. H.:* Nichtlineare Deformation. I. Kolloid-Z. **177** (1961) 2, S. 129–149.

[7] *Peschel, P.:* Zur Frage der Zug- und Biegeelastizität von synthetischen Fäden hinsichtlich des Knitterverhaltens von Geweben. Dissertation TH München, Fakultät für Maschinenwesen und Elektrotechnik, 1968.

[8] *Peschel, P.*: Zum Biegeverhalten von Polyamidborsten. I. Melliand Textilber. **50** (1969) 5, S. 487—495.
[9] *Miles, J. B.*: Compression of oriented nylon parallel to fibre axis. Textile Res. J. **41** (1971) 2, S. 108—113.
[10] *Savickis, Ju. A.*, und *Kijauskas, A. K.*: Untersuchung des Axialdruckverhaltens monofiler Syntheseseiden. Izv. vysšich uč. Zav. Technol. tekstil. Prom. (Hochschulnachr. Technol. Textilind.) (1973) 3 (94), S. 16 bis 19.
[11] *Faulstich, H.*, und *Tausch-Marton, H.*: Die Axialdruckprüfung und ihre Anwendung als textilphysikalische Prüfmethode sowie für Strukturuntersuchungen an Chemiefaserstoffen, Dissertation TU Dresden, Sektion für Verarbeitungs- und Verfahrenstechnik, 1971.
[12] *Bobeth, W.*, und *Schubert, B.*: Axialdruckprüfung an synthetischen und tierischen Borsten verschiedener Vorbehandlung. Faserforsch. u. Textiltechnik **21** (1970) 1, S. 1—7.
[13] *Bonart, R.*: Spannungs-Dehnungsverhalten und Festkörperstruktur von verstreckten teilkristallinen Hochpolymeren. Kolloid-Z. und Z. Polymere **210** (1965) 1, S. 16—36.
[14] *Schlack, P.*, und *Kunz, K.*: Fasern aus Polyamiden. Beitrag in: Chemische Textilfasern, Filme und Folien. Herausgegeben von *R. Pummerer*, Stuttgart: Enke-Verlag 1953.
[15] *Buchdahl, R.*, und *Zaukelis, D. A.*: Deformationsprozesse und die Struktur von kristalinen Polymeren. (Teil 1). Angew. Chemie **74** (1962) 15, S. 569—573.
[16] *Zaukelis, D. A.*: Observation of slip in nylon 66 and 610 and Its interpretation in terms of a new model. J. appl. Physics **33** (1962) S. 2797—2803.
[17] *Hill, R.*: Fasern aus synthetischen Polymeren. Stuttgart; Berliner Union 1956.
[18] *Noether, H. P.*: Synthesis and structure of fibre forming polymethylene sulfones and evaluation of such a polysulfone fibre. Textile Res. J. **28** (1958) 7, S. 533 bis 541.
[19] *Köhler, G.*: Weiterentwicklung einer Biegemomentenwaage zur Bestimmung der Biegefestigkeit von Fasern sowie Untersuchung der Biegesteifigkeit verschiedener Faserstoffe. Diplomarbeit, TU Dresden, Bereich Textiltechnik 1968.
[20] *Perepelkin, K. E.*: Zur Beziehung zwischen Molekülstruktur und einigen mechanischen Eigenschaften von orientierten Polymeren. Mech. Polimerov, Riga (Mech. Polymeren) (1969) 4, S. 734—735; dt. in: Sowj. Beiträge Faserforsch. Textiltechnik 7 (1970) 1, S. 6—7.
[21] *Koch, P.-A.*, und *Böhme, W.*: Die Prüfung der verschiedenen Kunstseidenarten auf ihre Knitterneigung. Dt. Textilgewerbe **52** (1950) 17, S. 487—494, 525—526.
[22] *Freeston, W., D., jr.*, und *Platt, M. M.*: Mechanics of elastic performance of textile materials. Textile. Res. J. **34** (1964) 4, S. 308—319.
[23] *Hamburger, W. J.*, *Platt, M. M.*, und *Morgan, H. M.*: Mechanics of elastic performance of textile materials. X. Textile Res. J. **22** (1952) 11, S. 695—729.
[24] *Peschel, P.*: Zum Knitterverhalten von Endlosfäden. II. Melliand Textilber. **50** (1969) 8, S. 900—904.
[25] *Müller, O.*: Ein Torsionsschwingungsprüfgerät mit fotoelektrischer Meßwertwandlung. Textil-Praxis **21** (1966) 6, S. 405—411.
[26] *Ray, J. G.*: Tensile and torsional properties of textile fibres. Textile Res. J. **17** (1947) 1, S. 28—33.
[27] *Timoschenko, S. P.*: Strength of Materials, Pt. II. New York 1952.
[28] *Vollrath, L.*: Zur Auswertung von Elastizitätsschaubildern, speziell bei Quetschbeanspruchungen. Faserforsch. u. Textiltechnik **12** (1961) 11, S. 532—534.
[29] *Morris, S.*: The determination of the lateralcompression modules of fibres. J. Textile Inst. **59** (1968) 11, S. 536 bis 547.
[30] *Lai, R. S. L.*, und *Onions, W. J.*: The lateral crushing of textile fibres. J. Textile Inst. **64** (1973) 4, S. 175 bis 188.

Eingegangen am 15. August 1974

22. bis 25. Mitteilung des FA Textilterminologie der KDT

FA Textilterminologie der Kammer der Technik	**Offenend-Spinnverfahren** DK 001.4:677.022.48	22. Mitteilung* Juni 1974

Der FA Textilterminologie hat die nachstehende Festlegung bestätigt und zum Veröffentlichen freigegeben. Ihre Anwendung im gesamten wissenschaftlichen und technischen Sprachgebrauch sowie im Schrifttum und in Standards wird empfohlen.

Benennung	Erläuterung
Offenend-Spinnverfahren[1] (OE-Spinnverfahren)	Spinnverfahren, bei dem sich in der letzten Verarbeitungsstufe an ein rotierendes, offenes Garnende fortlaufend Fasern einzeln oder in Gruppen zum weiteren Garnbilden anlagern. Benennung des Garnes: Offenendgarn (OE-Garn).

[1]) Bisher auch: Elementenspinnverfahren

*) 21. Mitt.: d. Z. **23** (1972) 7. S. 308

FA Textilterminologie der Kammer der Technik	**Grundbegriffe der Kettvorbereitung** DK 001.4:677.023	23. Mitteilung Juni 1974

Der FA Textilterminologie hat die nachstehenden Festlegungen bestätigt und zum Veröffentlichen freigegeben. Ihre Anwendung im gesamten wissenschaftlichen und technischen Sprachgebrauch sowie im Schrifttum und in Standards wird empfohlen.

Benennung	Erläuterung
Kette	Gesamtheit der zum Herstellen eines textilen Stoffes (textilen Flächengebildes) erforderlichen und im textilen Stoff in Längsrichtung verlaufenden Fäden, Kettfäden genannt
Kettlänge	Länge der auf einen Kettbaum gebäumten Kette
Schären	Paralleles Aufwickeln der Kettfäden einer Kette in Teilabschnitten der Gesamtfadenanzahl (Schärbänder) auf eine Schärtrommel, wobei die für den Kettbaum vorgeschriebene Fadenzahl und Kettlänge eingehalten werden 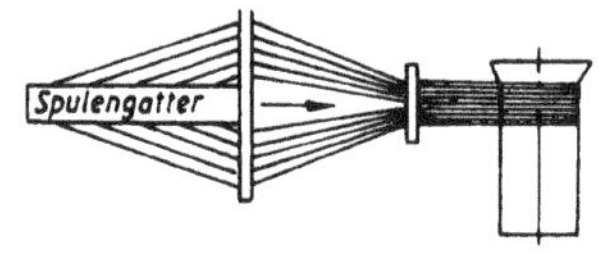
Schärband	Parallele Fadenschar als Teil der Gesamtfadenanzahl einer Kette mit einer vorgeschriebenen Schärfadenzahl
Schärbandbreite	Breite eines Schärbandes auf der Schärtrommel
Schärbreite	Gesamtbreite aller Schärbänder auf der Schärtrommel
Schärdicke	Dicke der von den Kettfäden gebildeten Wickelschicht auf der Schärtrommel
Schärfadenzahl (bisher: Schärdichte)	Anzahl der Kettfäden je Dezimeter auf der Schärtrommel
Schärlänge	Länge der auf der Schärtrommel geschärten Kette
Schärrapport	Kleinste sich regelmäßig in ihrer Anordnung wiederholende Anzahl von Kettfäden, die sich z. B. durch Farbe, Feinheit, Faserstoff und/oder Drehung unterscheiden
Zetteln	Paralleles Aufwickeln eines Teiles der Kettfäden einer Kette auf einen Zettelbaum, wobei die für den Kettbaum vorgeschriebene Breite nahezu eingehalten wird und die Zettellänge in der Regel ein Mehrfaches der Kettelänge beträgt 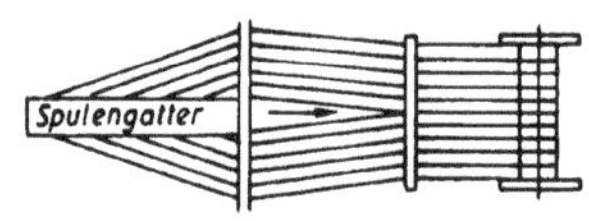
Zettelbreite	Breite der Wicklung auf einem Zettelbaum
Zettellänge	Länge der auf einen Zettelbaum gewickelten Fadenschar
Bäumen	Aufwickeln einer Kette in der vorgeschriebenen Fadenzahl, Breite und Länge auf einen Kettbaum oder in Teilabschnitten auf Teilkettbäume
Direktbäumen	Bäumen von Spulen auf einen Kettbaum oder einen Teilkettbaum 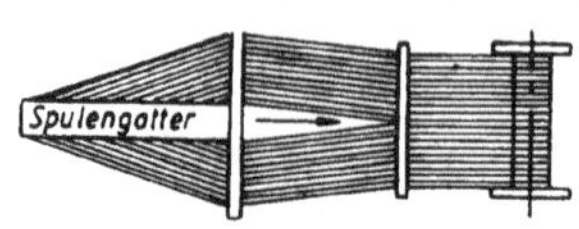
Aufbäumen	Bäumen von der Schärtrommel auf einen Kettbaum 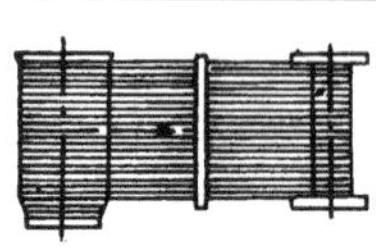

Benennung	Erläuterung
Zusammenbäumen	Bäumen von den Zettelbäumen auf einen Kettbaum 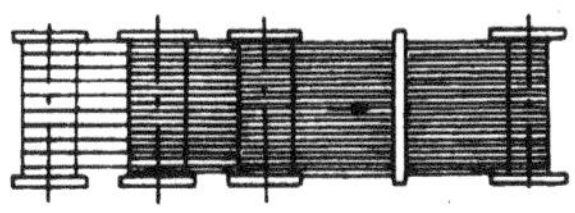
Umbäumen	Bäumen von einem Kettbaum auf einen anderen Kettbaum 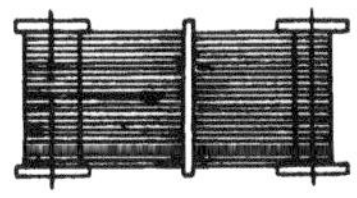
Bäumbreite	Breite der auf einen Kettbaum gebäumten Kette
Schlichten	Aufbringen von filmbildenden und/oder verklebenden Substanzen (Schlichtemitteln) auf Fäden, um beim Verarbeiten ein Abspleißen von Fasern oder Elementarfäden zu verhindern und dadurch die Verarbeitbarkeit zu verbessern (s. auch 13. Mitt.)
Naßschlichten[1])	Schlichten mit Hilfe von gelösten oder emulgierten oder dispergierten Substanzen, wobei die Flüssigkeit verdunstet
Trockenschlichten	Schlichten mit Hilfe von wachsartigen festen oder geschmolzenen[2]) Substanzen
Aufteilen	Aneinanderhängende (klammernde) Kettfäden voneinander lösen
Fadenkreuz	Regelmäßige Kreuzung von einzelnen Fäden oder Fadengruppen über zwei Trennstäben oder Schnüren
Kreuzschlagen	Bilden des Fadenkreuzes gleichzeitig mit allen Fäden
Kreuzeinlesen	Bilden des Fadenkreuzes fadenweise nacheinander
Stückzeichnen (bisher: Schmitzen)	Markieren der für die Stücklänge des textilen Stoffes erforderlichen Kettlänge durch Farbzeichen auf den Kettfäden, eingelegte Papierstreifen oder Markierfäden

[1]) Bei Verwendung von in Wasser gelösten wachsartigen Substanzen auch als Naßwachsen bezeichnet
[2]) Auch als Schmelzwachsen bezeichnet.

FA Textilterminologie der Kammer der Technik	**Einteilung der Gewebe nach technologisch-bindungstechnischen Gesichtspunkten** DK 001.4:677.064	24. Mitteilung Juni 1974

Der FA Textilterminologie hat die nachstehenden Festlegungen bestätigt und zum Veröffentlichen freigegeben. Ihre Anwendung im gesamten wissenschaftlichen und technischen Sprachgebrauch sowie im Schrifttum und in Standards wird empfohlen.

Vorbemerkung
Die Einteilung der Gewebe kann nach unterschiedlichen Gesichtspunkten (z. B. Breite, Masse je Flächeneinheit, Verwendungszweck) erfolgen. Das hier gewählte Ordnungsprinzip — Technologie und Bindungstechnik — ist vielseitig anwendbar und gestattet den Aufbau von Definitionen für bestimmte Gewebegruppen.

Die Erläuterungen beziehen sich stets auf den nächst höheren Oberbegriff, so daß sie verhältnismäßig kurz formuliert werden konnten. Dieses Baukastenprinzip hat jedoch den Nachteil, daß bei einer aus der Systematik herausgelösten Definition die Erläuterung der zum Verständnis notwendigen Oberbegriffe eingefügt werden muß.

Systematik

- 0. Gewebe
  - 1. Flachgewebe
    - 1.1. einkettig
      - 1.1.1. einschüssig
      - 1.1.2. mehrschüssig
    - 1.2. mehrkettig
      - 1.2.1. einschüssig
      - 1.2.2. mehrschüssig
  - 2. Polgewebe
    - 2.1. Schußpolgewebe
    - 2.2. Kettpolgewebe
      - 2.2.1. Rutenpolgewebe
      - 2.2.2. Doppelpolgewebe
      - 2.2.3. Schubnoppen-Polgewebe[1])
    - 2.3. Einsetzpolgewebe
      - 2.3.1. Axminstergewebe
        - 2.3.1.1. Chenille-Axminstergewebe
        - 2.3.1.2. Gripper-Axminster gewebe
      - 2.3.2. Knüpfgewebe

[1]) Auch als Frottiergewebe bezeichnet.

Lfd. Nr.	Benennung	Erläuterung
0.	Gewebe	Textiler Stoff (textiles Flächengebilde) aus zwei im allgemeinen rechtwinklig zueinander verlaufenden Fadensystemen (Kettfadensystem und Schußfadensystem), deren Fäden miteinander gesetzmäßig verkreuzt sind.
0.1.	Kettfadensystem	Gesamtheit der in Längsrichtung verlaufenden Fäden. Das Kettfadensystem kann aus mehreren Teilsystemen[2]) bestehen. Ein Teilsystem ist durch seine spezifische Funktion im Gewebe gekennzeichnet. Unterschiedliche Funktionen haben in der Regel verschiedene Einarbeitungen, Fadenlagen und Fadenspannungen beim Herstellen des Gewebes zur Folge.
0.2.	Schußfadensystem	Gesamtheit der in Querrichtung verlaufenden Fäden. Das Schußfadensystem kann aus mehreren Teilsystemen[3]) bestehen. Ein Teilsystem ist durch seine spezifische Funktion im Gewebe gekennzeichnet. Unterschiedliche Funktionen haben in der Regel verschiedene Einarbeitungen, Fadenlagen und Fadenspannungen beim Herstellen des Gewebes zur Folge.

[2]) Früher: Kettarten
[3]) Früher: Schußarten

Lfd. Nr.	Benennung	Erläuterung
1.	Flachgewebe	Gewebe, bei dem die Verkreuzungen der Kett- mit den Schußfäden auf beiden Gewebeseiten an der Oberfläche liegen.
1.1.	Einkettiges Flachgewebe	Flachgewebe aus einem Kettfadensystem. Das Schußfadensystem kann aus mehreren Teilsystemen bestehen.
1.1.1.	Einkettiges einschüssiges Flachgewebe	Einkettiges Flachgewebe mit einem Schußfadensystem
1.1.2.	Einkettiges mehrschüssiges Flachgewebe	Einkettiges Flachgewebe, bei dem das Schußfadensystem aus mehreren Teilsystemen besteht.
1.2.	Mehrkettiges Flachgewebe	Flachgewebe, bei dem das Kettfadensystem aus mehreren Teilsystemen besteht. Das Schußfadensystem kann aus mehreren Teilsystemen bestehen.
1.2.1.	Mehrkettiges einschüssiges Flachgewebe	Mehrkettiges Flachgewebe mit einem Schußfadensystem.
1.2.2.	Mehrkettiges mehrschüssiges Flachgewebe	Mehrkettiges Flachgewebe, bei dem das Schußfadensystem aus mehreren Teilsystemen besteht.
2.	Polgewebe	Gewebe, dessen Oberfläche von herausragenden geschlossenen und/oder offenen Polnoppen gebildet ist.
2.1.	Schußpolgewebe	Polgewebe, bei dem die Polnoppen von einem Teilsystem des Schußfadensystems gebildet sind. Beispiel: Schußsamt.
2.2.	Kettpolgewebe	Polgewebe, bei dem die Polnoppen von einem Teilsystem des Kettfadensystems gebildet sind.
2.2.1.	Rutenpolgewebe	Kettpolgewebe, bei dem die Polnoppen mit Hilfe eingelegter Ruten erzielt worden sind. Beispiel: Rutenplüsch
2.2.2.	Doppelpolgewebe	Kettpolgewebe, bei dem die geschnittenen Polnoppen durch Trennen von zwei Gewebelagen entstanden sind. Das Trennen erfolgt meist durch Zerschneiden des die beiden Gewebelagen verbindenden Teilsystems (Polkette). Beispiel: Doppelplüsch
2.2.3.	Schubnoppenpolgewebe (Frottiergewebe)	Kettpolgewebe, bei dem die Polnoppen durch Spannungsunterschiede der Teilsysteme des Kettfadensystems (z. B. Grundkette, Polkette) in Verbindung mit einer Schubvorrichtung bei entsprechender Bindungstechnik erzielt worden sind.
2.3.	Einsetzpolgewebe	Polgewebe, bei dem die Polnoppen durch eingewebte oder eingeknüpfte Fadenstücke gebildet sind.
2.3.1.	Axminstergewebe	Einsetzpolgewebe, bei dem die Polnoppen von eingewebten Fadenstücken gebildet sind. Die Fadenstücke können vor dem Weben in das Teilsystem des Schußfadensystems oder während des Webens in das Gewebe eingefügt worden sein.
2.3.1.1.	Chenille-Axminstergewebe	Axminstergewebe, bei dem die Polnoppen von einem Teilsystem des Schußfadensystems gebildet sind. Das Teilsystem besteht aus nachbehandelten Gewebestreifen (Chenille) eines besonders dafür hergestellten Gewebes (Chenille-Vorgewebe). Die Schußfäden der Gewebestreifen bilden im Axminstergewebe den Pol.
2.3.1.2.	Gripper-Axminstergewebe	Axminstergewebe, bei dem die Polnoppen von einem Teilsystem des Kettfadensystems gebildet sind. Die Fäden des Teilsystems wurden während des Webens in Fadenstücke zerschnitten und als Polnoppen in das entstehende Gewebe eingesetzt.
2.3.2.	Knüpfgewebe	Einsetzpolgewebe, bei dem die Polnoppen während des Webens eingeknüpfte Fadenstücke sind.

FA Textilterminologie der Kammer der Technik	**Textiler Fußbodenbelag** **Begriffe nach der handelsüblichen Aufmachung** DK 001.4:677.64	25. Mitteilung Juni 1974

Der FA Textilterminologie hat die nachstehenden Festlegungen bestätigt und zum Veröffentlichen freigegeben. Ihre Anwendung im gesamten wissenschaftlichen und technischen Sprachgebrauch sowie im Schrifttum und in Standards wird empfohlen.

Lfd. Nr.	Benennung	Erläuterung
0.	Textiler Fußbodenbelag	Textiler Stoff (textiles Flächengebilde), der zum Belegen von Fußböden bestimmt ist.
1.	Abgepaßter Fußbodenbelag	Textiler Fußbodenbelag mit bestimmten Abmessungen und bestimmter geometrischer Form und meist darauf abgestimmter Musterung und mit allseitig verfestigter Begrenzung
1.1.	Teppich	Abgepaßter Fußbodenbelag, meist rechteckig oder quadratisch, bei dem in der Regel jede Seite über 130 cm lang ist.
1.2.	Vorlage	Abgepaßter rechteckiger Fußbodenbelag, in der Regel bis 130 cm breit und bis 200 cm lang.
1.3.	Läufer	Abgepaßter rechteckiger Fußbodenbelag, in der Regel bis 130 cm breit und über 200 cm lang.
1.4.	Bettumrandung	Abgepaßter rechteckiger Fußbodenbelag, bestehend aus zwei gleichlangen Teilen und einem längeren Teil, die gleich breit sind.
1.5.	Fliese	Abgepaßter, meist quadratischer Fußbodenbelag, in der Regel 30 cm × 30 cm, 40 cm × 40 cm oder 50 cm × 50 cm groß, und vorwiegend zum vollständigen Belegen von Fußböden bestimmt.
2.	Nichtabgepaßter Fußbodenbelag (Meterware für Fußbodenbelag)	Textiler Fußbodenbelag, der entsprechend dem Verwendungszweck in Länge und/oder Breite zugeschnitten werden kann.
2.1.	Auslegestoff (Auslegeware)	Nichtabgepaßter textiler Fußbodenbelag zum vollständigen Belegen von Fußböden.
2.2.	Läuferstoff (Läuferware)	Nichtabgepaßter Fußbodenbelag zum teilweisen Belegen von Fußböden

Mitteilung der Herausgeber

Änderung der Schriftleitung

Mit dem Abschluß des 25. Jahrgangs unserer Zeitschrift *Faserforschung und Textiltechnik/Zeitschrift für Polymerforschung* beendet unser Haupt-Schriftleiter, *Joachim Brämer*, seine Tätigkeit.

Wir hatten anläßlich seines 65. und 70. Geburtstages bereits Gelegenheit, die Verdienste von *Joachim Brämer* um die Entstehung und die wissenschaftlich anspruchsvolle Gestaltung der Zeitschrift zu würdigen (Faserforschung und Textiltechnik *19* (1968) 11, S. 489—490 und *24* (1973) 11, S. 471). Sein hervorragendes Können, seine großen Erfahrungen und sein ständiges, unermüdliches Wirken haben wesentlichen Anteil daran, daß sich unsere Zeitschrift heute bei den Fachkollegen im In- und Ausland größter Wertschätzung erfreuen kann. Zugleich im Namen aller Mitarbeiter und Leser sagen wir *Joachim Brämer* Dank für sein ständiges Mühen.

Wir wissen, daß *Joachim Brämer* der Abschied von *seiner* Zeitschrift sehr schwer fällt. Gern werden wir von seinem Angebot, die Zeitschrift weiterhin mit Rat und Tat zu unterstützen, Gebrauch machen. Für einen hochverdienten Lebensabend im Kreise seiner Familie wünschen wir ihm alles Gute.

Mit dem 26. Jahrgang der *Faserforschung und Textiltechnik/Zeitschrift für Polymerforschung* wird Dr. sc. *Johannes Dechant* die Aufgaben des Haupt-Schriftleiters übernehmen. Dr. *Dechant* ist mit unserer Zeitschrift seit 1955 als Autor zahlreicher wissenschaftlicher Veröffentlichungen verbunden. Wir hoffen, daß die bewährte gute Zusammenarbeit zwischen Verlag, Herausgebern, Autoren und Schriftleitung erhalten bleibt, und wünschen Dr. *Dechant* bei seiner Tätigkeit viel Erfolg im Interesse unserer Zeitschrift.

Wolfgang Bobeth *Hermann Klare*
Burkart Philipp *Christian Ruscher*

Erweiterung des Berater-Gremiums

Im Heft 1/1974 hatten wir unsere Absicht zum Ausdruck gebracht, den Beraterkreis unserer Zeitschrift durch ausländische Fachkollegen zu erweitern. Wir konnten inzwischen folgende Kollegen zur Mitarbeit im Berater-Gremium gewinnen:

Prof. Dr. *G. Bodor*	Forschungsinstitut für die Kunststoffindustrie, Budapest/VR Ungarn
Prof. Dr. *K. Dimov*	Hochschule für Technische Chemie Sofia, Sofia/VR Bulgarien
Prof. Dr. *J. Frenkel'*	Institut für Hochmolekulare Verbindungen der Akademie der Wissenschaften der UdSSR, Leningrad/UdSSR
Prof. Dr. *Z. Jedlinski*	Forschungszentrum der Polnischen Akademie der Wissenschaften, Abt. Polymerchemie, Zabrze/VR Polen
Prof. Dr. *J. Kálal*	Institut für Makromolekulare Chemie der Tschechoslowakischen Akademie der Wissenschaften, Prag/ČSSR
Prof. Dr. *V. V. Koršak*	Institut für Element-Organische Verbindungen der Akademie der Wissenschaften der UdSSR, Moskau/UdSSR
Dr. *P. Kratochvil*	Institut für Makromolekulare Chemie der Tschechoslowakischen Akademie der Wissenschaften, Prag/ČSSR
Prof. Dr. *M. Kryszewski*	Zentrum für Molekulare und Makromolekulare Verbindungen der Polnischen Akademie der Wissenschaften, Lódź/VR Polen
Prof. Dr. *M. Michailov*	Zentrallaboratorium für Polymere der Bulgarischen Akademie der Wissenschaften, Sofia/VR Bulgarien
Prof. Dr. *A. Romanov*	Institut für Polymere der Slowakischen Akademie der Wissenschaften, Bratislava/ČSSR
Prof. Dr. *C. Simionescu*	Akademie der Sozialistischen Republik Rumänien, Filiale Iași Iași/SR Rumänien
Prof. Dr. *F. Tüdös*	Zentralforschungsinstitut für Chemie der Ungarischen Akademie der Wissenschaften, Budapest/VR Ungarn
Prof. Dr. *W. Zurek*	Technische Hochschule Lódź, Lódź/VR Polen

Wolfgang Bobeth *Hermann Klare*
Burkart Philipp *Christian Ruscher*

Neue Bücher

Grundzüge der Chemischen Technik. Von *Karl Winnacker* und *Hans Biener.* München und Wien: Hanser 1974. XIV, 477 S., Lwd. DM 86,—.

Die „Grundzüge der Chemischen Technik" überstreichen das gesamte Gebiet der Chemie, angefangen von anorganischen und organischen Grundprodukten über Metalle, Katalysatoren, Naturstoffe, Polymere, Zwischenprodukte, Farbstoffe, Explosivstoffe, Pharmazeutika bis zur Photographie. Es ist verständlich, daß bei dem heutigen Umfang des Gebietes der technischen Chemie in einem Band nur „Grundzüge" dargestellt werden können. Das Buch gibt aber anhand von Verfahrensschemata und vieler technologischer Details einen ausgezeichneten Überblick über die Vielfalt der chemischen Prozesse und die oftmals auftretenden Probleme ihrer Durchführung.

Als besonders interessant werden die ständigen Hinweise auf die Historie der Chemie und die Entwicklung der chemischen Produktion sowie die Gedanken um die Wirtschaftlichkeit von chemischen Großprozessen (Beispiel: Ammoniaksynthese) empfunden. Deutlich zeigt sich auch der Übergang von Kohle auf Erdöl als Hauptrohstoff der chemischen Industrie. Auf Grund der Erdölverteuerung finden aber die konventionellen Prozesse wieder stärkere Beachtung.

Das Buch wendet sich vor allem an Chemiestudenten, aber auch der „fertige" Chemiker wird es mit Freude und Gewinn lesen. *K. Dietrich*

Patentschau

Auszug aus der Lieferung 8/1974 der Patentschau „Faserstoffe und Textiltechnik", Ausgabe A: Chemiefaserstoffe einschl. Polymere und org. Ausgangsstoffe, zusammengestellt von der Abteilung Information und Dokumentation des Instituts für Polymerenchemie der AdW der DDR, 153 Teltow-Seehof, Kantstr. 55

Die Patentschau ist nach der internationalen Patentklassifikation (IPC) gegliedert. Es bedeuten: DLP = DDR-Patent; DTP = Deutsches Bundespatent; DTA = (West-)Deutsche Auslegeschrift; DTO = (West-)Deutsche Offenlegungsschrift; OEP = Oesterreichisches Patent; CHP = Schweizer Patent; FRP = Französisches Patent; GBP = Britisches Patent; JAP = Japanisches Patent; POP = Polnisches Patent; SWP = Schwedisches Patent; SUP = Sowjetisches Patent; CSP = Tschechoslowakisches Patent; USP = Amerikanisches Patent; A = Anmeldedatum, O bzw. B = Tag der Ausgabe der Offenlegungs-, Auslege- bzw. Patentschrift.

Sektion B. Arbeitsverfahren

B 65. Fördern, Packen, Lagern; Handhaben dünner oder fadenförmiger Werkstoffe

B 65h. Behandeln von dünnem oder fadenförmigem Gut, z. B. Folien, Gewebe, Kabel

GBP 1351592. Textilgarnaufspulung. Inh.: Ronfred Eng. Co. Ltd. A. 2. 12. 69, B. 1. 5. 74. Kl.: D1.J, Int. Kl.: B 65h 54/52, 54/12. A.-Z.: 58736/69.

SUP 424798 (Urheberschein). Fadenführer. Erf.: *E. S. Jakobson, N. I. Istomina, A. Ja. Naravcevič* u. *V. B. Šatilov.* Anm.: Leningradskoe mašinostroitel'noe ob'edinenie im. Karla Marksa. A. 13. 3. 72, B. 25. 4. 74. Int. Kl.: B 65h 54/28. A.-Z.: 1758131/28 – 12.

SUP 424799 (Urheberschein). Spulenhalter. Erf.: *O. V. Ponomarev, E. G. Gorjunov, M. G. Enikeev* u. *D. S. Kuskov.* Anm.: Leningradskoe spezial'noe konstruktorsko-technologičeskoe bjuro mašin chimičeskich volokon. A. 20. 1. 72, B. 25. 4. 74. Int. Kl.: B 65h 54/54. A.-Z.: 1739140/28 – 12.

SUP 430025 (Urheberschein). Vorrichtung zur Verteilung von fadenförmigem Material. Erf.: *E. I. Gorjunov* u. *V. V. Chval'kovskij.* Anm.: Central'noe konstruktorskoe bjuro „Proektmašdetal'". A. 28. 4. 72, B. 30. 5. 74. Int. Kl.: B 65h 54/74. A.-Z.: 1778477/28 – 12.

Sektion C. Chemie und Metallurgie

CHEMIE

C 01. Anorganische Chemie

C 01b. Nicht-metallische Elemente, Metalloide und ihre Verbindungen, außer den unter C 01c aufgeführten

DTO 2252128. Chemisch ausgerüstete Kohlenstoffäden und -fasern. Erf.: *Eitel-Friedrich Kops, Gottfried Pampus, Lothar Preis* u. *Carlhans Süling.* Anm.: Bayer AG, 5090 Leverkusen. A. 24. 10. 72, B. 2. 5. 74. Kl.: 39b 8, 1/14. Int. Kl.: C 08k 1/14. A.-Z.: P 2252128.

CHP 550121. Verfahren zur Herstellung von Kohlefasern und Aktivkohlefasern. Erf.: *Janos Lukacs* u. *Klaus Hoffmann.* Inh.: Lonza AG, Gampel/Wallis (CH). A. 10. 6. 71, Int. Kl.: C 01b 31/07, A.-Z.: 8415/71.

GBP 1353596 (Zus. z. Pat. 1257022). Behandlung von Kohlenstoffasern. Inh.: National Research Development Corp. A. 23. 9. 70, B. 22. 5. 74. Kl.: C1.A, Int. Kl.: C 01b 31/07, B 01k 3/08. A. Z.: 45411/70. Entspr. FRP 2112979.

JAP 7240575. Kohlenstoffäden mit hoher Festigkeit. Erf.: *Shinsaku Tada* u. *Makoto Nakao.* Inh.: Toray Industries, Inc. A. 14. 10. 70, B. 13. 10. 72. Int. Kl.: C 01b. A.-Z.: 7089709.

C 03. Glas; Mineral- und Schlackenwolle

C 03b. Herstellung, Formgebung und Nachbehandlungsverfahren

SUP 420578 (Urheberschein). Verfahren zur Bestimmung der Fadenspannung. Erf.: *V. N. Balašov* u. 4 weitere. A. 30. 11. 71, B. 25. 3. 74. Int. Kl.: C 03b 37/06, G 01l 5/10. A.-Z.: 1719546/29 – 33.

C 07. Organische Chemie

C 07d. Heterocyclische Verbindungen, die nur Sauerstoff als Heteroatom oder -atome enthalten

OEP 316572. Verfahren zur Herstellung von Lactamen und Ketonen durch Pyrolyse von Amidocarbonsäurederivaten. Erf.: *Alberto Santambrogio* u. *Emilio Perrotti.* Inh.: Snam Progetti S.p.A., Mailand (IT). A. 1. 7. 71, B. 15. 11. 73. Kl.: 12e 3, 25. Int. Kl.: C 07d 29/22. A.-Z.: 5718/71. Prior.: 2. 7. 70 (IT; A.-Z.: 26875 A/70).

OEP 316573. Verfahren zur Herstellung von Lactamen. Inh.: Stamicarbon N. V., Heerlen (NL). A. 5. 5. 72, B. 15. 11. 73. Kl.: 12e3, 25, Int. Kl.: C 07d 41/06. A.-Z.: 3956/72. Prior.: 7. 5. 71, 3. 11. 71 (NL; A.-Z.: 7106341, 7115110). Entspr. DLP 96236 u. FRP 2137622.

FRP 2194704 (A). Verfahren zur Trennung von Lactamen. Inh.: Stamicarbon V. B. A. 2. 8. 73, B. 5. 4. 74. Int. Kl.: C 07d 41/06. A.-Z.: 7328298 (Zus. z. Pat. m. A.-Z.: 7243994. A. 11. 12. 72). Prior.: 3. 8. 72 (NL; A.-Z.: 7210626). Entspr. DTO 2338784.

SUP 430550. Reinigungsverfahren für ε-Caprolactam. Erf.: *Otto Immel* u. *Hans-Helmut Schwarz* (DT). Anm.: Bayer AG (DT). A. 3. 11. 71, B. 30. 5. 74. Int. Kl.: C 07d 41/06. A.-Z.: 1711145/23 – 4.

C 08. Makromolekulare Verbindungen; ihre Herstellung und chemische Verarbeitung; auf diesen Verbindungen beruhende Gemische

C 08b. Polysaccharide und deren Derivate

SUP 427020 (Urheberschein). Verfahren zur Erhöhung der Reaktionsfähigkeit von Cellulose. Erf.: *G. A. Petropavlovskij, Ju. N. Nepenin, A. F. Zajceva* u. *G. A. Pazuchina.* Anm.: Institut vysokomolekuljarnych soedinenij. A. 23. 5. 70, B. 5. 5. 74. Int. Kl.: C 08b 1/06, D 21c 9/00. A.-Z.: 1443233/23 – 4.

SUP 423806 (Urheberschein). Verfahren zur Modifizierung von Cellulosematerialien. Erf.: *M. F. Šostakovskij, R. M. Livšic, N. B. Livsic* u. *V. A. Sokolenko.* Anm.: Institut chimii nefti Sibirskogo otdelenija AN SSSR. A. 17. 1. 72, B. 15. 4. 74. Int. Kl.: C 08g 15/00, D 06m 13/08. A.-Z.: 1739332/23 – 5.

SUP 424863 (Urheberschein). Verfahren zur Herstellung fluorhaltiger Cellulosederivate. Erf.: *B. F. Maličenko.* Anm.: Institut chimii vysokomolekuljarnych soedinenij AN Ukrainskoj SSR. A. 14. 9. 71, B. 25. 4. 74. Int. Kl.: C 08b 15/00, D 06m 13/08. A.-Z.: 1697478/23 – 5.

SUP 423808 (Urheberschein). Verfahren zur Lichtstabilisierung von Celluloseacetatmaterialien. Erf.: *A. P. Paulauskas* u. 6 weitere. Anm.: Kaunasskij politechničeskij institut i Fabrika šelkovych tkanej „Kauno Audinjaj". A. 24. 12. 71, B. 15. 4. 74. Int. Kl.: C 08b 27/68. A.-Z.: 1729179/23 – 5.

C 08f. Polymerisationsprodukte

DLP 104533. Verfahren zur Herstellung von Olefintetrapolymeren. Erf.: *Sebastiano Cesca, Giuseppe Ghetti, Eugenio Vajna, Mario Bruzzone* u. *Ermanno Cenelli.* Inh.: Snam Progetti S.p.A. (IT). A. 11. 5. 73, B. 12. 3. 74, Kl.: 39 b4, 1/32, Int. Kl.: C 08f 1/32. A.-Z.: AP C 08f/170846. Prior.: 21. 6. 72 (IT; A.-Z.: 25983). Entspr. DTO 2331604.

DLP 104535 (Zus. z. Pat. 99826). Verfahren zur Herstellung von gewebeartigen und faserförmigen Materialien. Erf. u. Inh.: *Erwin Zilinski* u. *Adolf Ernst Schwind* (DL). A. 1. 6. 70, B. 12. 3. 74. Kl.: 29b 4, 1/86, Int. Kl.: C 08f 1/86. A.-Z.: WP C 08f/147858.

DLP 104795. Verfahren zur Herstellung von Olefintetrapolymeren. Erf.: *Sergio Arrighetti, Sebastiano Cesca, Guiseppe Ghetti, Mario Bruzzone* u. *Ermanno Cinelli.* Inh.: Snam Progetti S.p.A. (IT). A. 26. 4. 73, B. 20. 3. 74. Kl.: 39b 4, 1/32, Int. Kl.: C 08f 1/32. A.-Z.: AP C 08f/170448. Prior.: 21. 6. 72 (IT; A.-Z.: 25982 A/72). Entspr. DTO 2331603.

FRP 2194719 (B). Verfahren zur Polymerisation von äthylenisch ungesättigten Monomeren im Fließbett. Inh.: Solvay & Cie. A. 1. 8. 72, B. 5. 4. 74. Int. Kl.: C 08f 1/00, 3/00, 15/00. A.-Z.: 7227778. Entspr. DTO 2332452.

FRP 2194720 (B). Verfahren und Katalysator zur Polymerisation von olefinischen Kohlenwasserstoffen. Erf.: *Ronald Alfred Crump, Geoffrey Reginald Chalfont* u. *Prem Sagar Thukral.* Inh.: BP Chemicals International Ltd. A. 4. 8. 72, B. 5. 4. 74. Int. Kl.: C 08f 1/00, 3/00, 15/00, B 01j 11/00. A.-Z.: 7228160.

FRP 2194721 (B). Herstellung von Olefincopolymeren. Inh.: Esso Research and Engineering Co. A. 4. 8. 72, B. 5. 4. 74. Int. Kl.: C 08f 1/00, B 01j 11/00. A.-Z.: 7228220.

GBP 1352718. Olefinpolymerisation. Inh.: Montecatini Edison S.p.A. A. 29. 7. 71, B. 8. 5. 74. Kl.: C3.P, Int. Kl.: C 08f 1/56. A.-Z.: 35619/71. Prior.: 31. 7. 70 (IT; A.-Z.: 28131). Entspr. FRP 2099345.

GBP 1352901. Olefinpolymerisation. Inh.: Montecatini Edison S.p.A. A. 19. 7. 71, B. 15. 5. 74. Kl.: C3.P, Int. Kl.: C 08f 1/56. A.-Z.: 33749/71. Prior.: 20. 7. 70 (IT; A.-Z.: 27627).

GBP 1354185. Herstellung von Polymeren oder Copolymeren des Vinylchlorids. Inh.: Koninklijke Industrieele Maatschappij Noury & van der Lande N. V. A. 31. 8. 71, B. 22. 5. 74. Kl.: C3.P, Int. Kl.: C 08f 1/60. A.-Z.: 40592/71. Prior.: 25. 9. 70 (NL; A.-Z.: 7014141). Entspr. DTO 2145055, OEP 307736 u. FRP 2112976.

JAP 7347497. Katalysator zur Polymerisation. Erf.: *Isamu Yamazaki* u. *Haruo Suzuki*. Inh.: Showa Denko K. K. A. 20. 10. 71, B. 5. 7. 73. Kl.: 13(9) G 421.1. A.-Z.: 7182517.

SUP 420330 (Urheberschein). Verfahren zur Herstellung eines Katalysators für die Polymerisation und Copolymerisation von α-Olefinen und/oder Diolefinen. Erf.: *A. D. Pomogajlo* u. 6 weitere. Anm.: Institut chimii i nefti i prirodnych solej AN Kazachskoj SSR. A. 15. 7. 71, B. 25. 3. 74. Int. Kl.: B 01j 11/84. A.-Z.: 1678064/23 – 4.

SUP 423810 (Urheberschein). Verfahren zur Kontrolle der Polymerisation von Tetrafluoräthylen. Erf.: *A. I. Bol'šakov*, *A. I. Michajlov*, *I. M. Barkalov* u. *V. I. Gol'danskij*. Anm.: Otdelenie Instituta chimičeskoj fiziki AN SSSR. A. 29. 6. 72, B. 15. 4. 74, Int. Kl.: C 08f 1/00. A.-Z.: 1803629/23 – 5.

SUP 426350. Katalysator für die Polymerisation oder Copolymerisation von Olefinen. Erf.: *Paolo Longi*, *Umberto Giannini*, *Domenico Deluca*, *Romano Mazzocci* u. *Bruno Pivotto*. (IT). Anm.: Montecatini Edison S.p.A. (IT). A. 28. 7. 70, B. 30. 4. 74. Int. Kl.: B 01j 11/84. A.-Z.: 1454405/23 – 4. Prior.: 31. 7. 69 (IT; A.-Z.: 20358 A/69). Vgl. auch SUP 417952, Entspr. DLP 84477, OEP 303378 u. FRP 2055692.

DLP 104799. Verfahren zur Herstellung von Polymeren und Copolymeren. Erf.: *Aldo Priola*, *Sebastiano Cesca* u. *Giuseppe Ferraria*. Inh.: Snam Progetti S.p.A. (IT). A. 24. 11. 72, B. 20. 3. 74. Kl.: 39b4, 3/14, Int. Kl.: C 08f 3/14. A.-Z.: AP C 08f/167141. Prior.: 26. 11. 71 (IT; A.-Z.: 31728 A/71).

DTO 2264560. Verfahren zur stereospezifischen Homo- und Mischpolymerisation von alpha-Olefinen. Erf.: *Jean Pierre Hermans* u. *Paul Henrioulle*. Anm.: Solvay & Cie., Brüssel (BE). A. 17. 3. 72, B. 2. 5. 74. Kl.: 39b4, 3/02, Int. Kl.: C 08f 3/02. A.-Z.: P 2264560 (ausgesch. aus Pat. m. A.-Z.: P 2213086). Prior.: 23. 3. 71, 17. 8. 71, 8. 10. 71 (LU; A.-Z.: 62841, 63732, 64034). Entspr. DLP 96073, CHP 543546 u. FRP 2130231.

CHP 549698. Verfahren zur Herstellung von Polymerisationsprodukten und deren Verwendung. Erf.: *Horst Jäger* u. *Paul Schäfer*. Inh.: Ciba-Geigy AG, Basel (CH). A. 24. 8. 70. Int. Kl.: C 08f 3/62, 7/00, 15/00, 19/00. A.-Z.: 12591/70. Entspr. DTO 2151224 u. GBP 1343088.

JAP 7240304. Herstellung eines wasserlöslichen Polymeren. Erf.: *Yoshiki Matsunaga*, *Yoichi Hoshino*, *Osamu Kamata* u. *Ryoichi Yamanaka*. Inh.: Mitsubishi Chemical Industries Co. Ltd. A. 24. 7. 69, B. 12. 10. 72. Int. Kl.: C 08b, f. A.-Z.: 6958545.

OEP 316864. Verfahren zur Suspensionspolymerisation von Vinylchlorid. Erf.: *Shunichi Koyanagi*, *Shigeru Arai*, *Shigenobu Tajima* u. *Kazuhiko Kuromoto*. Inh.: Shinetsu Chemical Co., Tokio (JA). A. 13. 4. 71, B. 15. 11. 73. Kl.: 39b, 14, Int. Kl.: C 08f 3/30. A.-Z.: 3089/71. Prior.: 13. 4. 70 (JA; A.-Z.: 45/31755). Entspr. DLP 88400, DTO 2117084, CHP 544123, FRP 2089551, GBP 1304666 u. SUP 379097.

OEP 316877. Stabilisierte Produkte. Erf.: *Motonobu Minagawa* u. *Kuniaki Nomura*. Inh.: S. A. Argus Chemical N. V., Brüssel (BE). A. 28. 12. 71, B. 15. 11. 73. Kl.: 39b, 23, Int. Kl.: C 08f 45/60. A.-Z.: 11179/71. Prior.: 30. 12. 70 (JA; A.-Z.: 122271/70). Entspr. FRP 2121121.

SUP 392698 (Urheberschein). Verfahren zur Herstellung aromatischer Polycyanurate. Erf.: *V. V. Koršak*, *S. V. Vinogradova*, *V. A. Pankratov* u. *A. G. Pučin*. Anm.: Ordena Lenina institut elementoorganičeskich soedinenij AN SSSR. A. 27. 7. 71, B. 5. 4. 74. Int. Kl.: C 08f 3/34. A.-Z.: 1688881/23 – 5.

SUP 428610. Herstellungsverfahren für Polyolefine. Erf.: *André Delbouile* u. *Jean-Louis Derroitte* (BE). Anm.: Solvay & Co. (BE). A. 22. 10. 71, B. 15. 5. 74. Int. Kl.: C 08f 3/02, 15/04. A.-Z.: 1707833/23 – 5. Prior.: 23. 10. 70 (LU; A.-Z.: 61917). Entspr. DLP 92125, DTO 2146688, OEP 312291, CHP 532088, FRP 2111472 u. GBP 1315768.

CSP 154386 (Urheberschein). Verfahren zur Herstellung von Gegenständen aus hydrophilen Polymeren, die zur wiederholten oder langzeitigen Berührung mit lebendem Gewebe oder Schleimhäuten bestimmt sind. Erf.: *Drahoslav Lím*, *Jindřich Kopeček* u. *Jiří Vacik*. Inh.: Ustav makromolekulárne chemie CSAV, Prag. A. 10. 7. 70, B. 4. 9. 73. Kl.: 39c, 25/01, Int. Kl.: C 08f 3/90. A.-Z.: 4871/70.

SUP 428611. Herstellungsverfahren für Polyolefine. Erf.: *Anacleto Clementi*, *Roberto Battini* u. *Luciano Spera* (IT). Anm.: Snam Progetti S.p.A. (IT). A. 21. 6. 71, B. 15. 5. 74. Int. Kl.: C 08f 3/04. A.-Z.: 1668184/23 – 6. Prior.: 23. 6. 70 (IT; A.-Z.: 26393 A/70). Entspr. DTO 2131145, FRP 2099267 u. GBP 1338280.

DLP 104536. Verfahren zur Herstellung von photozersetzbaren Polymeren. Erf.: *James Edwin Guillet* u. *Harvey Graham Troth*. Inh.: The Governing Council of the University of Toronto (CA). A. 9. 4. 73, B. 12. 3. 74. Kl.: 39b4, 15/12, Int. Kl.: C 08f 15/12. A.-Z.: AP C 08f/170041. Prior.: 7. 4. 72 (GB; A.-Z.: 16076/72; u. 11. 9. 72 (CA; A.-Z.: 151353).

JAP 7240870. Copolymere von Acrylnitril mit Vinylacetat oder Vinylchlorid. Erf.: *Akihiro Kawasaki* u. *Masanobu Taniguchi*. Inh.: Maruzen Oil Co. Ltd. A. 3. 4. 69, B. 16. 10. 72. Int. Kl.: C 08b, B 01j. A.-Z.: 6925221.

JAP 7306630. Rückgewinnung nichtumgesetzter Olefine während der Herstellung von Copolymeren. Erf.: *Masahito Tanaka*. Inh.: Tokyama Sekisui Chemical Co. Ltd. A. 31. 1. 69, B. 27. 2. 73. Int. Kl.: C 08f, C 07c. A.-Z.: 697649.

DTO 2255890. Copolymerisate aus 1,2-Dimethoxyäthylen und beta-Lactonen oder cyclischen 6-Ringcarbonaten. Erf.: *Norbert Vollkommer*. Anm.: Dynamit Nobel AG, 5210 Troisdorf. A. 15. 11. 72, B. 16. 5. 74. Kl.: 39b4, 17/00. Int. Kl.: C 08f 17/00. A.-Z.: P 2255890 (Zus. z. Anm. m. A.-Z.: P 2062400, DTO 2062400). Entspr. USP 2792030.

JAP 7367571. Färbehilfsmittel für Polyester-, Polyamid- und Acetatfaserstoffe. Erf.: *Masao Goto*. Inh.: Sanyo Chemical Industries. Ltd. A. 22. 12. 71, B. 14. 9. 73. Kl.: 48 B 01. A.-Z.: 71104802.

CHP 549609. Verfahren zur Herstellung von stabilisierten Olefinterpolymeren und so erhaltene Terpolymere. Erf.: *Sergio Arrgihetti*, *Sebastiano Cesca*, *Giuseppe Ghetti* u. *Eugenio Vajna*. Inh.: Snam Progetti S.p.A., Corso Venezia 16, Mailand (IT). A. 24. 7. 72. Int. Kl.: C 08f 27/00. A.-Z.: 11033/72. Prior.: 31. 7. 71 (IT; A.-Z.: 27014-A/71). Entspr. DLP 100480, DTO 2237573 u. OEP 315483.

JAP 7308593. Polyvinylidenfluorid mit guten Dispersionseigenschaften. Erf.: *Yasushi Toyoda* u. *Nobuo Sakauchi*. Inh.: Kureha Chemical Industry Co. Ltd. A. 22. 4. 69, B. 15. 3. 73. Int. Kl.: C 08j. A.-Z.: 6931134.

SUP 420637 (Urheberschein). Verfahren zur Herstellung polymerer N-Oxide. Erf.: *E. F. Razvodovskij* u. 6 weitere. Anm.: Institut chimičeskoj fiziki AN SSSR. A. 2. 10. 72, B. 25. 3. 74. Int. Kl.: C 08f 27/22. A.-Z.: 1832858/23 – 5.

DTO 2252619. Kunststoffmasse und Verfahren zur Herstellung derselben. Erf.: *Takeshi Goto* u. *Eiji Sakaoka*. Anm.: Denki Kagaku Kogyo K. K., Tokio (JA). A. 26. 10. 72, B. 2. 5. 74. Kl.: 39b4, 29/24, Int. Kl.: C 08f 29/24. A.-Z.: P 2252619.

GBP 1351484. Weichgemachte Polyvinylchloridkompositionen. Inh.: Solvay et Cie. A. 23. 7. 71, B. 1. 5. 74. Kl.: C3.P, Int. Kl.: C 08f 29/14, 45/58. A.-Z.: 34623/71. Prior.: 27. 7. 70 (BE; A.-Z.: 753949).

JAP 7308334. Zur Verbesserung der Anfärbbarkeit Äthylen-Aminoalkylacrylat-Copolymere enthaltende Polyvinylchloridkompositionen. Erf.: *Kanji Yoshikawa* u. *Akitoshi Takahira*. Inh.: Sumitomo Chemical Co. Ltd. A. 14. 6. 71, B. 2. 2. 73. Kl.: 25(1) C 121. 11, 25(1) A 29. A.-Z.: 7141778.

JAP 7347545. Antistatische Polymerformmassen. Erf.: *Minoru Hino*, *Yoshiharu Yagi* u. *Motoichi Yano*. Inh.: Sumitomo Chemical Co. Ltd. A. 20. 10. 71, B. 6. 7. 73. Kl.: 25(1) A 251.11, 25(1) C 111.11. A.-Z.: 7182991.

SUP 424866 (Urheberschein). Verfahren zur Vulkanisation chlorierten Polyäthylens. Erf.: *G. Ja. Lozivik*, *A. D. Eselev* u. *G. E. Bojarskaja*. Anm.: Vsesojuznyj naučnoissledovatel'skij chimiko-farmacevtičeskij institut im. Sergo Ordžonikidze. A. 29. 4. 70, B. 25. 4. 74. Int. Kl.: C 08f 29/22. A.-Z.: 1433570/23 – 5.

SUP 430119 (Urheberschein). Vinylpolymerkomposition. Erf.: *S. A. Aržakov* u. 14 weitere. A. 31. 7. 72, B. 30. 5. 74. Int. Kl.: C 08f 29/24. A.-Z.: 1816880/23 – 5.

DLP 104539 (Zus. z. Pat. 99588). Leder- und Textil-Austauschmaterial aus Thermoplast und ein Verfahren zu seiner Herstellung. Erf. u. Inh.: *Jochen Sander* u. *Dieter Haack* (DL). A. 4. 4. 72, B. 12. 3. 74. Kl.: 39b4, 37/00, Int. Kl.: C 08f 37/00. A.-Z.: WP C 08f/162028.

CHP 550215. Salicyloyl-acyl-hydrazine als Stabilisatoren für Polyolefine. Erf.: *Siegfried Rosenberger* u. *Kurt Schwarzenbach*. Inh.: Ciba-Geigy AG, Basel. A. 29. 6. 71. Int. Kl.: C 08f 45/60. A.-Z.: 9529/71. Entspr. FRP 2144359.

JAP 7238843. Komposition zur Stabilisierung von Polyvinylchloridharz. Erf.: *Kenichi Kinoh* u. *Hideyuki Imazaki*. Inh.: Nitto Chemical Industry Co. Ltd. A. 17. 7. 67, B. 30. 9. 72. Int. Kl.: C 08f, k. A.-Z.: 6745657.

GBP 1354289. Copolymere aus Styrol und N-substituiertem Acrylamid. Inh.: BP Chemicals Ltd. A. 28. 7. 70, B. 22. 5. 74. Kl.: C3.P, Int. Kl.: C 08f 15/02. A.-Z.: 36384/70.

SUP 424362. Polymerkomposition auf der Basis eines Olefins. Erf.: *Alexander Michael Chalmers* (GB). Anm.: Ciba-Geigy AG (CH). A. 20. 1. 72, B. 15. 4. 74. Int. Kl.: C 08f 45/60. A.-Z.: 1739936/23 – 5. Prior.: 26. 1. 71 (GB; A.-Z.: 3160/71, GBP 1336682). Entspr. DTO 2203447, OEP 310447, FRP 2124839 u. USP 3769259.

SUP 427960 (Urheberschein). Verfahren zur Verminderung der statischen Aufladung von Thermoplasten. Erf.: *Ju. I. Vasilenok* u. 6 weitere. A. 9. 6. 72, B. 15. 5. 74. Int. Kl.: C 08f 47/22, C 09k 3/16, C 08k 1/52. A.-Z.: 1794107/23 – 5.

C 08g. Polykondensations- und Polyadditionsprodukte

JAP 7248909. Polymerisation von Trioxan oder Tetraoxan. Erf.: *Akihiko Ito*, *Takeshi Asano*, *Kohichi Nishimura*, *Tadashi Iwai*, *Kohichiro Hayashi* u. *Seizo Okamura*. Inh.: Japan Atomic Energy Research Institute. A. 8. 5. 69, B. 8. 12. 72. Int. Kl.: C 08g. A.-Z.: 6935371.

JAP 7359186. Faserförmige Polyolefine. Erf.: *Takeshi Suzuki*, *Tatehiro Takahashi*, *Hiroaki Chiba*, *Mitsuru Kato* u. *Shori Konotsune*. Inh.: Chisso Co. Ltd. A. 29. 11. 71, B. 18. 8. 73. Kl.: 26(3) B 11. A.-Z.: 7196144.

DLP 104089. Verfahren zur Herstellung chemisch modifizierter Polyester. Erf. u. Inh.: *Christoph Gröger*, *Klaus Meyer*, *Hans-Gustav Prengel*, *Roland Edelmann* u. *Eitel Heck*. A. 17. 4. 73, B. 20. 2. 74. Kl.: 39b5, 17/06, Int. Kl.: C 08g 17/06. A.-Z.: WP C 08g/170218.

JAP 7238871. Polyester. Erf.: *Yoshiji Enoki*, *Masayasu Takahashi*, *Kohichi Fujii* u. *Hajime Kawasaki*. Inh.: Nippon Soda Co. Ltd. A. 10. 4. 65, B. 30. 9. 72. Int. Kl.: C 08g, C 07c, B 01j. A.-Z.: 6520974.

JAP 7242390. Kontinuierliche Herstellung von Polyäthylenterephthalat unter Verwendung von zwei verschiedenen Reaktortypen. Erf.: *Kohji Ohno* u. *Masayoshi Ochiai*. Inh.: Kuraray Co. Ltd. A. 10. 4. 67, B. 26. 10. 73. Int. Kl.: C 08g, C 07c. A.-Z.: 6723080.

JAP 7247314. Polyester unter Zusatz einer ungesättigten Erdalkalisulfonatverbindung und einer Vinylverbindung zum Reaktionssystem. Erf.: *Hiroyuki Nagai*, *Masaji Shimamura*, *Kiyohiko Futami*, *Shunsuke Fukuda* u. *Kazuo Yugi*. Inh.: Toray Industries, Inc. A. 25. 1. 67, B. 29. 11. 72. Int. Kl.: C 08g, f. D 01f. A.-Z.: 674564.

JAP 7302426. Stark gebleichter Polyester. Erf.: *Takao Ozeki*, *Masahiko Watanabe* u. *Kazunori Kagawa*. Inh.: Mitsubishi Rayon Co. Ltd. A. 17. 6. 69. B. 24. 1. 73. Int. Kl.: C 08g, k, D 01f, C 07d, D 06l. A.-Z.: 6947290.

JAP 7349892. Katalysatoren zur Herstellung von Polyestern mit gutem Weißgrad und Transparenz. Erf.: *Kazuya Nakamura*, *Shumichi Takahashi*, *Masao Kawashima* u. *Yoshihiro Shimoshinbara*. Inh.: Mitsubishi Rayon Co. Ltd. A. 27. 10. 71, B. 13. 7. 73. Kl.: 26(5) D 12. A.-Z.: 7185251.

SUP 423815 (Urheberschein). Verfahren zur Herstellung phosphorhaltiger Polyäther. Erf.: *A. P. Chardin*, *R. P. Bulankin* u. *O. I. Tužikov*. Anm.: Volgogradskij politechničeskij institut. A. 24. 4. 70, B. 15. 4. 74. Int. Kl.: C 08g 17/133. A.-Z.: 1427330/23 – 5.

CSP 154466 (Urheberschein). Verfahren zur Herstellung von löslichen Polymeren oder Copolymeren von Glykolmonomethacrylaten oder Glykolmonoacrylaten. Erf.: *Miroslav Štol*, *Vladimir Stay* u. *Zdenek Tuzar*. Inh.: Ustav makromolekulárni chemie CSAV, Prag. A. 14. 10. 71, B. 4. 9. 73. Kl.: 39c, 16/00, Int. Kl.: C 08g 17/00. A.-Z.: 7233/71. Entspr. DTO 2248500.

DTO 2243640. Verfahren zur Herstellung von Kunststofferzeugnissen mit faseriger Oberfläche. Erf. u. Anm.: *Helmut Schaefer*, Mailand (IT). A. 6. 9. 72, B. 4. 4. 74. Kl.: 39b5, 20/18, Int. Kl.: C08g 20/18. A.-Z.: P 2243640.

GBP 1352409. Verfahren zur anionischen Polymerisation von Lactamen. Inh.: Bayer AG. A. 16. 7. 71, B. 8. 5. 74. Kl.: C3.R, Int. Kl.: C 08g 20/18. A.-Z.: 33524/71. Prior.: 18. 7. 70 (DT; A.-Z.: P 2035733, DTO 2035733). Entspr. FRP 2099459. u. USP 3793258.

FRP 2194735 (B). Aromatische selbstverlöschende Polyamide. Inh.: Bayer AG. A. 2. 8. 73, B. 5. 4. 74. Int. Kl.: C 08g 20/20. A.-Z.: 7328375. Prior.: 2. 8. 72 (DT; A.-Z.: P 2237958, DTO 2237958.

GBP 1354174. Thermostabile Polyamide. Inh.: Montecatini Edison S.p.A. A. 27. 7. 71, B. 22. 5. 74. Kl.: C3.R, Int. Kl.: C 08g 20/20, 20/22, 33/04. A.-Z.: 35072/71. Prior.: 29. 10. 70 (IT; A.-Z.: 89562). Entspr. DTO 2136931, CHP 549067 u. FRP 2112354.

JAP 7251596. Polyamid. Erf.: *Kazuo Kootome* u. *Hisashi Kawamoto*. Inh.: Asahi Chemical Industry Co. Ltd. A. 8. 4. 69, B. 25. 12. 72. Int. Kl.: C 08g, D 01f. A.-Z.: 6926645.

JAP 7251840. Verfahren der Direktpolymerisation von Polyamid. Erf.: *Akira Kobayashi, Shosuke Tominaga* u. *Nobuhari Niwa*. Inh.: Toyobo Co. Ltd. A. 5. 8. 69, B. 26. 12. 72. Int. Kl.: C 08g. A.-Z.: 6961805.

JAP 7310632. Modifiziertes Polyamid. Erf.: *Yutaka Fujita, Takezo Ono, Rikuo Kimura* u. *Nomio Taguchi*. Inh.: Teijin Ltd. A. 10. 3. 69, B. 5. 4. 73. Int. Kl.: C 08g, k, D 01f. A.-Z.: 6918147.

SUP 430123 (Urheberschein). Herstellungsverfahren für borhaltige aromatische Polymere. Erf.: *V. V. Koršak, N. I. Bekasova, A. A. Izyneev* u. *V. V. Vagin*. Anm.: Burjatskij institut estestvennych nauk Burjatskogo filiala Sibirskogo otdelenija AN SSSR. A. 25. 1. 72, B. 30. 5. 74. Int. Kl.: C 08g 20/32, 33/18. A.-Z.: 1741383/23 – 5.

GBP 1351773. Verfahren zur Herstellung von Polyurethanen. Inh.: Imperial Chemical Industries Ltd. A. 16. 7. 71, B. 1. 5. 74. Kl.: C3.R, Int. Kl.: C 08g 22/04. A.-Z.: 33456/71. Entspr. DTO 2235025 u. FRP 2146296.

GBP 1351774. Polyurethane. Inh.: Imperial Chemical Industries Ltd. A. 16. 7. 71, B. 1. 5. 74. Kl.: C3.R, Int. Kl.: C 08g 22/24. A.-Z.: 33457/71. Entspr. DTO 2234507 u. FRP 2146297.

JAP 7314673. Polyamidimid. Erf.: *Chiaki Tanaka, Noriaki Dohgoshi, Masaru Kurihara* u. *Naoya Ida*. Inh.: Toray Industries, Inc. A. 16. 4. 70, B. 9. 5. 73. Int. Kl.: C 08g, H 01 6. A.-Z.: 7032210.

DTO 2251821. Verfahren zur Herstellung von Additionspolymeren. Erf.: *Heinz Pohlemann, Herbert Naarmann* u. *Heinz Nohe*. Anm.: BASF AG, 6700 Ludwigshafen (DT). A. 21. 10. 72, B. 2. 5. 74. Kl.: 39b5, 27/00, Int. Kl.: C 08g 27/00. A.-Z.: P 2251821.

JAP 7317393. Polybenzoxazole. Erf.: *Yasuo Miyadera* u. *Hisao Yokokura*. Inh.: Hitachi Ltd. A. 18. 9. 70, B. 29. 5. 73. Int. Kl.: C 08g, H 01b. A.-Z.: 7081220.

DTO 2252210. Schwerentflammbare thermoplastische Polyester. Erf.: *Werner Racky, Walter Herwig* u. *Hans-Jerg Kleiner*. Anm.: Farbwerke Hoechst AG vorm. Meister Lucius & Brüning, 6000 Frankfurt. A. 25. 10. 72, B. 9. 5. 74. Kl.: 39b5, 39/02. Int. Kl.: C 08g 39/02. A.-Z.: P 2252210.

DTO 2252974. Thermoplastische Formmassen. Erf.: *Michael Koehler, Salah Elabd Elghani* u. *Richard Prinz*. Anm.: Bayer AG, 5090 Leverkusen. A. 28. 10. 72, B. 2. 5. 74. Kl.: 39b5, 39/10, Int. Kl.: C 08g 39/10. A.-Z.: P 2252974.

JAP 7308343. Polyäthylenterephthalat als Hauptkomponente enthaltende Harzkomposition. Erf.: *Mikio Izumi, Yuji Hayashikara* u. *Kazuo Suenaga*. Inh.: Mitsubishi Rayon Co. Ltd. A. 24. 12. 70, B. 13. 3. 73. Int. Kl.: C 08g, k. A.-Z.: 70117287.

JAP 7340347. Thermoplastische Polyesterkompositionen. Erf.: *Kiyokazu Tsunawaki, Shigeru Sasama, Katsuhisa Watanabe* u. *Kiyoshi Nawata*. Inh.: Teijin Ltd. A. 23. 9. 71, B. 15. 6. 73. Kl.: 25(1) D 328.2. A.-Z.: 7171430.

GBP 1354120. Polyamide mit verringerter Entflammbarkeit. Inh.: Imperial Chemical Industries Ltd. A. 20. 7. 70, B. 22. 5. 74. Kl.: C3.R, Int. Kl.: C 08g 41/02, 51/54. A.-Z.: 35037/70. Entspr. DTO 2136277 u. FRP 2099485.

SUP 427033 (Urheberschein). Verfahren zur Stabilisierung von Polycaproamid. Erf.: *A. N. Mačjulis, R.-O. I. Andrjulajtene, I.-A. A. Anjunene* u. *Ju.-R. P. Budvitis*. Anm.: Institut fiziko-techničeskich problem energetiki. A. 18. 9. 72, B. 5. 5. 74. Int. Kl.: C 08g 41/02, 51/54. A.-Z.: 1829761/23 – 5.

JAP 7317552. Polyamidkomposition. Erf.: *Hiroatsu Moriyama, Haruo Negishi, Atsuhiko Mukai* u. *Yoshiaki Watami*. Inh.: Teijin Ltd. A. 25.6. 69, B. 30. 5. 73. Int. Kl.: C 08g, k. A.-Z.: 6950492.

JAP 7302233. Reinigung von Polylactamen. Erf.: *Takeo Kojima, Hiroshi Ursunomiya, Kaoru Furukawa, Setsu Akiyama* u. *Yoshio Fujii*. Inh.: Toyobo Co. Ltd. A. 8. 10. 68, B. 23. 1. 73. Int. Kl.: C 08g. A.-Z.: 687337.

C 08 j. Allgemeine Herstellungs- und Verarbeitungsverfahren

OEP 316880. Permanent in der Wärme verformbarer Verbundkörper und Verfahren zur Herstellung desselben. Inh.: Picciotto Ezra Vittorio, Mailand (IT). A. 3. 6. 70, B. 15. 11. 73. Kl.: 39b, 34/20, Int. Kl.: C 08j 1/36, B 32b 33/00. A.-Z.: 4974/70. Prior.: 3. 11. 69 (IT; A.-Z.: 41225 A/69).

JAP 7248267. Antistatischmachen von Thermoplastharzen. Erf.: *Mamoru Uejama* u. *Kazuyuki Mishima*. Inh.: Hitachi Chemical Co. Ltd. A. 25. 7. 63, B. 5. 12. 72. Int. Kl.: C 08f, j. A.-Z.: 6337420.

Sektion D. Textilien und Papier

TEXTILIEN

D 01. Natürliche und künstliche Fäden und Fasern; Spinnen

D 01d. Mechanische Verfahren und Vorrichtungen für die Herstellung von künstlichen Fäden, Gespinsten, Fasern, Borsten oder Bändern

DLP 104325. Verfahren zur Herstellung von Formgebilden auf der Basis hochmolekularer Polyester mit erhöhtem Weißgrad. Erf. u. Inh.: *Manfred Gliemann, Klaus Müller* u. *Georg Sych*. A. 17. 4. 73, B. 5. 3. 74. Kl.: 29a, 6/06, Int. Kl.: D 01d 1/00. A.-Z.: WP D 01d/170219.

DTO 1660638. Verfahren zum Aufspalten von Folien in Fasern und Vorrichtung zur Durchführung des Verfahrens. Erf.: *Masayuki Nozawa, Toshinori Ito, Shingo Hayashi* u. *Naotoshi Otsuka*. Anm.: Toshiba Machine Co. Ltd., Tokio (JA). A. 13. 8. 65, B. 2. 5. 74. Kl.: 29a, 6/06, Int. Kl.: D 01d 5/00. A.-Z.: P 1660638 (T 29207). Prior.: 13. 8. 64 (JA; A.-Z.: 46606/64). Entspr. CHP 424075 u. GBP 1118912.

DTO 2252946. Auftrennverfahren vielfachgewickelter monofiler und multifiler Fäden. Erf.: *Manfred Reichardt, Karl-Heinz Feltgen* u. *Bela von Falkai*. Anm.: Bayer AG, 5090 Leverkusen. A. 28. 10. 72, B. 2. 5. 74. Kl.: 29a, 6/31, Int. Kl.: D 01d 5/12. A.-Z.: P 2252946.

GBP 1350496. Schmelzspinnvorrichtung. Inh.: Imperial Chemical Industries Ltd. A. 14. 9. 71, B. 18. 4. 74. Kl.: B5.B, Int. Kl.: D 01d 5/10. A.-Z.: 42772/71. Entspr. DTO 2245174 u. FRP 2152904.

GBP 1351791. Aus thermoplastischen Filmen hergestellte Textilfäden. Inh.: Ernest Scragg & Sons Ltd. A. 26. 1. 71, B. 1. 5. 74. Kl.: B5.B, Int. Kl.: D 01d 5/00. A.-Z.: 3155/71. Entspr. DTO 2203410 u. FRP 2123349.

GBP 1352520. Verfahren zum Kräuseln von Fäden. Inh.: Ernest Scragg & Sons Ltd. A. 17. 12. 70, B. 8. 5. 74. Kl.: B5.B, Int. Kl.: D 01d 5/22, 9/08. A.-Z.: 59873/70. Entspr. DTO 2161966 u. CHP 541005.

JAP 7249445. Polyäthylenfaserstoff. Erf.: *Chisato Kajizuka, Mutsusuke Takenaka* u. *Kohji Watanabe*. Inh.: Teijin Ltd. A. 29. 9. 69, B. 12. 12. 72. Int. Kl.: D 01f. A.-Z.: 6977573.

JAP 7343082. Regeneratcellulose. Erf.: *Koichi Yasui, Yasuo Isome, Kimihide Sugimori* u. *Shigeo Katsuyama*. Inh.: Asahi Chemical Industry Co. Ltd. A. 1. 10. 71, B. 22. 6. 73. Kl.: 26(1) B 22. A.-Z.: 7176852.

D 01f. Chemische Gesichtspunkte bei der Herstellung von künstlichen Fäden, Gespinsten, Fasern, Borsten oder Bändern

JAP 7238847. Antistatika zur Verwendung in Polyamidfäden. Erf.: *Ikuzo Tanaka* u. *Takanori Shinogi*. Inh.: Teijin Ltd. A. 19. 10. 67, B. 30. 9. 72. Int. Kl.: C 08g, k, D 01f. A.-Z.: 6767418.

JAP 7242055. Synthetische Polyvinylalkoholfäden mit ausgezeichneten Adsorptionseigenschaften. Erf.: *Tohru Yukisaka* u. *Nobuo Yasuhira*. Inh.: Kuraray Co. Ltd. A. 28. 9. 70, B. 24. 10. 72. Int. Kl.: D 01f. A.-Z.: 7085259.

JAP 7249177. Komposition aus aromatischem Polyester. Erf.: *Noboru Mitsuhida, Takao Kashiwabara, Akira Narita* u. *Hideaki Mumekata*. Inh.: Toyo Spinning Co. Ltd. A. 26. 10. 70, B. 11. 12. 72. Int. Kl.: C 08g. A.-Z.: 7094546.

JAP 7249316. Verfahren zur Herstellung eines verbesserten Polyesters. Erf.: *Yasuji Ohno* u. *Nobusuke Takeuchi*. Inh.: Kuraray Co. Ltd. A. 26. 12. 70, B. 11. 12. 72. Int. Kl.: C 08g, k. A.-Z.: 70125292.

JAP 7355238. Filme und Fäden aus Oxadiazolpolymerem. Erf.: *Junichiro Koda, Kotsuyoshi Hirasa, Hideo Sekiguchi* u. *Kazuo Sadamitsu*. Inh.: Furukawa, Electric Co. Ltd. A. 12. 11. 71, B. 3. 8. 73. Kl.: 25(1) D 45, 25(5) Prior. (PO. A.-Z.: 7189899).

JAP 7358053. Elastische Polyurethanmischfäden mit guter Anfärbbarkeit. Erf.: *Norio Yamakawa, Hiroshi Ono* u. *Kazuo Watanabe*. Inh.: Toyobo Co. Ltd. A. 25.11.71, B. 15. 8. 73. Kl.: 25(1) D 52, 25(5) G 111, 42 D 1. A.-Z.: 7194721.

JAP 7373445. Gegen Faulen beständige, Organo-Sn-Verbindungen enthaltende synthetische Fäden. Erf.: *Yasuo Hayashi, Yoshiaki Adachi* u. *Mitsuo Onozuka*. Inh.: Kureha Chemical Industry Co. Ltd. A. 30. 12. 71, B. 3. 10. 73. Kl.: 25(1) A 291, 25(1) C 111.1. A.-Z.: 723110.

SUP 425994 (Urheberschein). Verfahren zur Herstellung von Faserstoff aus hochsubstituierter Cyanäthylcellulose. Erf.: *N. V. Vostrilova* u. 4 weitere. A. 17. 10. 68, B. 30. 4. 74. Int. Kl.: D 061 3/36. A.-Z.: 1278352/23 – 5.

DTO 2252773. Fadenmaterial auf Kollagenbasis, seine Herstellung und Verwendung. Erf.: *Daniel Vivien* u. *Georg Schwarz*. Anm.: Daniel, Vivien, Nanterre, Hauts-de-Seine (FR). A. 27. 10. 72, B. 16. 5. 74. Kl.: 29b, 1/10, 30i, 8/02, Int. Kl.: D 01f 5/08, A 61l 17/00. A.-Z.: P 2252773.

JAP 7238012. Mit Epoxyverbindung und einem Carbonsäureanhydrid behandelte Polyesterfäden mit verbesserter Haftung an Kautschuk. Erf.: *Motoo Hasegawa, Masao Iwaki, Yasuyoshi Nakamura* u. *Michiaki Ogihara*. Inh.: Unitika Co. Ltd. A. 15. 2. 68, B. 26. 9. 72. Int. Kl.: D 01f, m. A.-Z.: 689515.

JAP 7242135. Modifiziertes Polyamid. Erf.: *Tomiichi Oda, Rikuo Kimura* u. *Namio Taguchi*. Inh.: Teijin Ltd. A. 18. 9. 67, B. 24. 10. 72. Int. Kl.: C 08g, k, D 01f. A.-Z.: 6759719.

JAP 7238457. Herstellung elastischer Fäden. Erf.: *Tatsuo Furuta* u. *Shoji Toya*. Inh.: Nisshin Spinning Co. Ltd. A. 15. 5. 69, B. 28. 9. 72. Int. Kl.: D 01f. A.-Z.: 6936962.

JAP 7240571. Polytetrafluoräthylenfaden. Erf.: *Tsunoshige Nagami, Hiroshi Maruno, Munechika Yoshitake* u. *Eiji Mukoyama*. Inh.: Toray Industries, Inc. A. 28. 9. 70, B. 13. 10. 72. Int. Kl.: D 01f. A.-Z.: 7084529.

JAP 7242527. Polyamidfaden mit latenter Kräuselfähigkeit. Erf.: *Terumichi Ono, Tsuneo Haga, Yasuo Takagi* u. *Tomitake Higuchi*. Inh.: Toray Industries, Inc. A. 30. 6. 67, B. 27. 10. 72. Int. Kl.: D 01f. A.-Z.: 6741751. Entspr. DTO 1660665, FRP 1547004, GBP 1210927 u. USP 3600271.

JAP 7242848. Herstellung antistatischer Polyesterfaserstoffe. Erf.: *Yutaka Shimodoi, Heiichiro Otake, Koichi Miura, Kiyoshi Takao* u. *Kazuo Matsuda*. Inh.: Asahi Chemical Industry Co. Ltd. A. 31. 8. 68, B. 30. 10. 72. Int. Kl.: D 01f, C 08g, k, A.-Z.: 6862106.

JAP 7244978. Polypropylenfaden mit guter Anfärbbarkeit. Erf.: *Ren Yamamoto, Akira Ichikawa, Takao Ohzeki, Minoru Sasaki, Kazuo Senda* u. *Shigenobu Masunaka*. Inh.: Mitsubishi Rayon Co. Ltd. A. 20. 7. 64, B. 13. 11. 72. Int. Kl.: C 08f. A.-Z.: 6441161. Entspr. DTA 1289242, FRP 1416413, GBP 1071004 u. USP 3355402.

JAP 7245612. Erspinnen von Polyamidfäden aus Bis(4-aminocyclohexyl)-methan und Dodecandionsäure mit kontrolliertem Kühlen. Erf.: *Takeshi Inoue*. Inh.: Kuraray Co. Ltd. A. 22. 11. 68, B. 17. 11. 72. Int. Kl.: D 01f. A.-Z.: 6885868.

JAP 7246849. Polyäthylenglykolacrylat und Acrylamid enthaltendes Acrylnitrilpolymeres. Erf.: *Toshio Okada, Hiroaki Yoneyama, Hideaki Kawata* u. *Koji Mitsumura*. Inh.: Mitsubishi Rayon Co. Ltd. A. 30. 4. 70, B. 27. 11. 72. Int. Kl.: D 01f, C 08f. A.-Z.: 7037001.

JAP 7249447. Polyacrylfäden mit antistatischen und feuchteabsorbierenden Eigenschaften. Erf.: *Masatoshi Yoshida, Kazuhisa Saito* u. *Hiroharu Ogawa*. Inh.: Toho Beslon Co. Ltd. A. 24. 10. 69, B. 12. 12. 72. Int. Kl.: D 01f, D 06m. A.-Z.: 6985090.

JAP 7250778. Verfahren zur Verbesserung der Eigenschaften von geformten Erzeugnissen aus Polyoxadiazolharz. Erf.: *Hideo Sekiguchi, Kazuo Sadamitsu* u. *Hiroko Fukushima*. Inh.: Furukawa Electric Co. Ltd. A. 4. 12. 70, B. 20. 12. 72. Int. Kl.: B 44 D, D 06m. A.-Z.: 70107309.

JAP 7250784. Herstellung eines Pfropfcopolymeren. Erf.: *Sumihiro Maeda*. Inh.: Teijin Ltd. A. 23. 7. 70, B. 20. 12. 72. Int. Kl.: D 06m. A.-Z.: 7064497.

JAP 7251967. Synthetischer Faden. Erf.: *Shigeo Makita, Kunihiro Nakamura, Heiichiro Matsuda* u. *Tadao Ikeda*. Inh.: Toray Industries, Inc. A. 28. 3. 69, B. 27. 12. 72. Int. Kl.: D 01f, C 09j. A.-Z.: 6923153.

JAP 7306411. Durch Schmelzspinnen hergestellte Polyamidfaserstoffe. Erf.: *Takeshi Inoue*. Inh.: Kuraray Co. Ltd. A. 5. 6. 68, B. 26. 2. 73. Int. Kl.: D 01f. A.-Z.: 6838544.

JAP 7307275. Copolymerisierte Amide. Erf.: *Takanori Shinoki, Kiyoshi Nowata, Yuzo Kashiwado* u. *Shigeru Kasama*. Inh.: Teijin Ltd. A. 2. 5. 68, B. 3. 3. 73. Int. Kl.: C 08g, c. A.-Z.: 6829738.

JAP 7313728. Polyäthylenoxidfäden durch Schmelzspinnen. Erf.: *Kuniaki Tobukuro, Nobuoki Matsumoto* u. *Akira Yasuda*. Inh.: Toray Industries, Inc. A. 8. 8. 69, B. 28. 4. 73. Int. Kl.: D 01f. A.-Z.: 6962354.

JAP 7317206. Polyamidfäden mit verbesserter Anfärbbarkeit. Erf.: *Yutaka Fujita* u. *Atsuyuki Shima*. Inh.: Teijin Ltd. A. 29. 12. 69, B. 28. 5. 73. Int. Kl.: D 01f. A.-Z.: 70551.

JAP 7320887. Antistatischer Polyamidfaden mit seidenähnlichem Glanz und ästhetischen Eigenschaften. Erf.: *Tetsuya Kato*, *Toshiaki Hidaka*, *Yutaka Masuda* u. *Chikatsu Okagawa*. Inh.: Toray Industries, Inc. A. 9. 2. 70, B. 25. 6. 73. Int. Kl.: D 01f. A.-Z.: 7010637.

JAP 7353026. Acrylfäden mit Feinheitsschwankungen und nichtkreisförmigem Querschnitt. Erf.: *Keitaro Shimoda* u. *Kaoru Ban*. Inh.: Japan Exlan Co. Ltd. A. 7. 11. 71, B. 25. 7. 73. Kl.: 42 D 24, 42 A 3, 42 A 31. A.-Z.: 7189263.

JAP 7368816. Antistatische Verbundfäden. Erf.: *Tatsuo Ishikawa*, *Tadashi Koyanagi*, *Masaha Sakashita* u. *Tetsuhiro Kusunose*. Inh.: Asahi Chemical Industry Co. Ltd. A. 28. 12. 71, B. 19. 9. 73. Kl.: 42 D 11. A.-Z.: 71105628.

JAP 7373521. Flammfeste Modacrylfäden mit guter Transparenz und Glanz. Erf.: *Hajime Ishii* u. *Ichiro Kobayashi*. Inh.: Kanebo Co. Ltd. A. 11. 1. 72, B. 4. 10. 73. Kl.: 42 D 24, 42 D 231, 42 D 232. A.-Z.: 725768.

SUP 430203 (Urheberschein). Modifizierungsverfahren für Faserstoffe. Erf.: *V. N. Kolot*, *E. A. Vasil'eva-Sokolova* u. *G. I. Kudrjavcev*. A. 29. 9. 72, B. 30. 5. 74. Int. Kl.: D 01f 7/04, 7/06. A.-Z.: 1832250/23 – 5.

D 02. Garne; Mechanische Veredlung von Garnen oder Seilen; Schären oder Bäumen

D 02g. Kräuseln oder Krimpfen /Texturieren/ von Fasern, Fäden, Zwirnen oder Garnen; Garne oder Zwirne

DLP 104328. Verfahren zur Herstellung von texturierten Syntheseseiden. Erf. u. Inh.: *Rolf Barthel*, *Heinrich Hofmann*, *Roland Beyreuther*, *Gottfried Schauer*, *Gerhard Höhne* u. *Walter Mey*. A. 28. 6. 72, B. 5. 3. 74. Kl.: 29a, 6/08, Int. Kl.: D 02g 1/20. A.-Z.: WP D 02g/164016.

CHP 549662. Friktions-Falschdrallvorrichtung. Erf.: *Josef Raschle*. Inh.: Heberlein & Co. AG, Wattwil (CH). A. 18. 9. 72. Int. Kl.: D 02g 1/08. A.-Z.: 13641/72. Entspr. DTO 2339416.

GBP 1352624. Verfahren zur Herstellung und Gewinnung von gekräuselten synthetischen Fasersträngen. Inh.: Snam Progetti S.p.A. A. 18. 10. 71, B. 8. 5. 74. Kl.: D1.F, Int. Kl.: D 02g 1/12, 1/20. A.-Z.: 48440/71. Prior.: 17. 10. 70 (IT; A.-Z.: 31068). Entspr. DTO 2151497, CHP 535840 u. FRP 2111289.

GBP 1353237. Kräuseln von synthetischen Fäden. Inh.: Snam Progetti S.p.A. A. 7. 9. 71, B. 15. 5. 74. Kl.: D1.F, D1.D, Int. Kl.: D 02g 1/02, D 01h 7/92. A.-Z.: 41772/71. Prior.: 7. 9. 70 (IT; A.-Z.: 29422). Entspr. DTO 2144765 u. FRP 2107208.

JAP 7249457. Zur Herstellung von Kreppgewebe geeignete Fäden. Erf.: *Masao Fukuda*, *Tadashi Tameshige* u. *Shoji Kawamura*. Inh.: Teijin Ltd. A. 3. 8. 66, B. 12. 12. 72. Int. Kl.: D 02g. A.-Z.: 6650965.

SUP 428045 (Urheberschein). Vorrichtung zum Verwirren von Fäden. Erf.: *A. A. Lukošajtis*, *E.-A. A. Kazakjavičjus* u. *I. P. Slabošjavičjus*. Anm.: Kaunasskij zavod iskusstvennogo volokna imeni 50-letija Oktjaßrja. A. 27. 6. 72, B. 15. 5. 74. Int. Kl.: D.02g 1/16. A.-Z.: 1803961/28 – 12.

GBP 1351643. Herstellung von Textilgarnen. Inh.: Gifu Yomo Kogyo K. K. A. 12. 6. 71, B. 1. 5. 74. Kl.: D1.W, D1.N, Int. Kl.: D 02g 3 00, D 01g 1/06. A.-Z.: 27633/71.

D 02j. Veredeln oder Ausrüsten von Fäden, Garnen, Zwirnen, Schnüren, Seilen od. dgl.

FRP 2194811 (B). Verfahren zum Recken von Acrylendlosfäden aus zwei Bestandteilen und nach diesem Verfahren erhaltener Faden. Inh.: Snam Progetti S.p.A. A. 30. 7. 73, B. 5. 4. 74. Int. Kl.: D 02j 1/00, D 01d 5/00. A.-Z.: 7327858. Prior.: 31. 7. 72 (IT; A.-Z.: 27675 A/72). Entspr. DTO 2338034.

JAP 7301967. Verfahren zum Recken von Naphthalatpolyesterfäden. Erf.: *Isao Hamana*, *Iwao Fujimoto*, *Toshio Fujiwara* u. *Shiroh Kunagawa*. Inh.: Teijin Ltd. A. 20. 12. 69, B. 22. 1. 73. Int. Kl.: D 01f, d. A.-Z.: 69102949.

JAP 7373513. Recken von Polyesterfäden mit hoher Reckgeschwindigkeit ohne Fadenbruch. Erf.: *Seishiro Inoue*, *Haruo Sasamori* u. *Michiyoshi Katsube*. Inh.: Toray Industries, Inc. A. 7. 1. 72, B. 4. 10. 73. Kl.: 42 D 12, 42 A 423. A.-Z.: 724328.

PAPIER

D 21. Papierherstellung; Gewinnung von Cellulose bzw. Zellstoff

D 21c. Gewinnung von Cellulose durch Abscheiden nichtcelluloseartiger Substanzen von cellulosehaltigen Stoffen; Wiedergewinnung der Zellstoffablaugen; Vorrichtungen dafür

SUP 423902 (Urheberschein). Verfahren zur Herstellung von Baumwollcellulose. Erf.: *S. A. Kadyrova*, u. 4 weitere. A. 7. 8. 72, B. 15. 4. 74. Int. Kl.: D 21c 3/02, 5/00. A.-Z.: 1818996/23 – 4.

D 21h. Karton, Papier; dessen Herstellung, soweit nicht durch D 21f erfaßt

JAP 7302682. Durch Naßverfahren hergestellter Textilverbundstoff oder Papier. Erf.: *Haruo Miyamoto*, *Hideo Uchida* u. *Katsu Uehara*. Inh.: Mitsubishi Rayon Co. Ltd. A. 29. 5. 69, B. 26. 1. 73. Int. Kl.: D 21b, d, B 32b. A.-Z.: 6941356.

JAP 7309361. Herstellung von wasserlöslichem Vinylonpapier. Erf.: *Suguo Ashikaga* u. *Unpei Maeda*. Inh.: Kuraray Co. Ltd. A. 19. 3. 69, B. 24. 3. 73. Kl.: D 21b. A.-Z.: 6921027.

JAP 7372417. Mehrkomponentenfibrillen. Erf.: *Hiroyuki Segawa*, *Yutaka Hirano* u. *Takeshi Inoue*. Inh.: Kuraray Co. Ltd. A. 30. 12. 71, B. 29. 9. 73. Kl.: 42 G 0. A.-Z.: 721707.

Sektion G. Physik

G 01. Messen; Prüfen

G 01n. Untersuchen der chemischen oder physikalischen Eigenschaften von Stoffen

GBP 1352573. Spektrometer für die mechanische Relaxation und Verfahren zur Messung des Torsionsmoduls. Inh.: Muanyagipari Kutato Intezet. A. 19. 4. 71, B. 8. 5. 74. Kl.: G1.N, Int. Kl.: G 01n 3/38. A.-Z.: 26383/71. Prior.: 6. 4. 70 (HU; A.-Z.: 440).

SUP 425845 (Urheberschein). Fotoelektrische Vorrichtung zur Bestimmung des Reißens von fadenförmigem Material. Erf.: *G. K. Sokolov* u. 4 weitere. A. 10. 4. 72, B. 30. 4. 74. Int. Kl.: B 65h 63/04, 79/00, D 02h 13/14, D 03d 51/28. A.-Z.: 1770091/28 – 12.

SUP 424049 (Urheberschein). Rotationsviskosimeter. Erf.: *A. S. Morozov*, *I. P. Genc* u. *L. A. Koršunova*. Anm.: Vsesojuznyj naučno-issledovatel'skij institut po pererabotke chimičeskich volokon. A. 4. 5. 72, B. 15. 4. 74. Int. Kl.: G 01n 11/14. A.-Z.: 1780848/26 – 25.

SUP 425083 (Urheberschein). Rotationsviskosimeter. Erf.: *A. S. Morozov*, *I. P. Genc* u. *L. A. Koršunova*. Anm.: Vsesojuznyj naučno-issledovatel'skij institut po pererabotke chemičeskich volokon. A. 27. 6. 72, B. 25. 4. 74. Int. Kl.: G 01n 11/14. A.-Z.: 1802307/26 – 25.

GBP 1352043. Meßvorrichtungen für Bahnware. Inh.: Insinööritoimisto Datex OY. A. 20. 4. 71, B. 1. 5. 74. Kl.: G1.A, Int. Kl.: G 01n 21/30. A.-Z.: 10138/71. Prior.: 20. 4. 70 (SF; A.-Z.: 1095).

SUP 425092 (Urheberschein). Gerät zur Bestimmung des Temperaturverhaltens von Polymeren. Erf.: *I. F. Kajmin'*, *A. Ja. Kalnin'š*. Anm.: Institut chimii drevesiny AN Latvijskoj SSR. A. 12. 4. 71, B. 25. 4. 74. Int. Kl.: G 01n 25/16. A.-Z.: 1645682/23 – 5.

SUP 425093 (Urheberschein). Gerät zur Bestimmung des Wärmewiderstandes von Textilien und Textilpaketen. Erf.: *M. I. Sucharev*, *G. B. Buzanov* u. *A. S. Miller*. Anm.: Latvijskij naučno-issledovatel'skij institut legkoj promyšlennosti. A. 21. 1. 72, B. 25. 4. 74. Int. Kl.: G 01n 25/18. A.-Z.: 1740216/28 – 12.

DTO 2254026. Verfahren und Vorrichtung zur Messung der Einkräuselung. Erf.: *Hans-Joachim Brassard* u. *Andreas Erkens*. Anm.: Akzo GmbH, 5600 Wuppertal. A. 4. 11. 72, B. 16. 5. 74. Kl.: 42k, 50, Int. Kl.: G 01n 33/36. A.-Z.: P 2254026.

Literaturschau

Auszug aus Lieferung 15/1974 der Literaturschau „Faserstoffe und Textiltechnik", zusammengestellt von der Abteilung Information und Dokumentation des Instituts für Polymerenchemie der AdW der DDR, 153 Teltow-Seehof, Kantstr. 55

I. Polymerwissenschaft

Analyse- und Untersuchungsmethoden

Majewska, J.: Analytische Methoden zur Bestimmung des nichtgebundenen Acetaldehyds und des freien Äthylenglykols während der Polyäthylenterephthalatherstellung. Hemijska Vlakna, Loznica/Jugoslaw. (Chemiefaserstoffe) (1973) 1/2, S. 26 – 30.

Kang, B. K., O'Driscoll, K. F.: Copolymerisation mit Depropagierung. X. Beschreibung von reversiblen Copolymerisationen durch irreversible Reaktivitätsverhältnisse. J. macromol. Sci., A: Chemistry **7** (1973) 6, S. 1197 – 1202.

Gruber, E., Mohammed, J., Schurz, J.: Zur Untersuchung von makromolekularen Verbundstoffen, insbesondere von Polysaccharidpfropfpolymeren mit Hilfe der IR-Spektroskopie. Colloid Polymer Sci./Kolloid-Z. u. Z. Polymere **252** (1974) 4, S. 278 – 287.

Mihail, R., Damian, G.: Mathematische Modellierung der Blockpolymerisation. Materiale plast., Bucureşti **11** (1974) 2, S. 70 – 76.

Caze, C., Loucheux, C.: Ladungsübertragungskomplexe. Vergleich zwischen Donator und Lösungsmittel für den Akzeptor. Eine neue Untersuchungsmethode. I. Der Fall Maleinsäureanhydrid und Vinylmonomere: Styrol und Vinylacetat. J. macromol. Sci., A: Chemistry **7** (1973) 4, S. 991 bis 1005.

Johnson, P. R.: Eine allgemeine Korrelation der Entflammbarkeit von natürlichen und synthetischen Polymeren. J. appl. Polymer Sci. **18** (1974) 2, S. 491 – 504.

Sawada, H.: Terpolymerisationswärme. J. macromol. Sci., A: Chemistry **7** (1973) 4, S. 905 – 912.

Burks, H. D.: Thermomechanische Bestimmung von T_g unter Anwendung einer modifizierten Methode zum Einspannen der Filmproben. J. appl. Polymer Sci. **18** (1974) 2, S. 627 – 628.

Ausgangsstoffe. Monomere und Oligomere

Tiger, R. P., Bechli, L. S., Ėntelis, S. G.: Über die Rolle des Mediums bei dem Reaktionsmechanismus der Umsetzung von Isocyanaten mit Alkoholen. V. Beziehung zwischen der Reaktionsfähigkeit des Alkohols und der Beständigkeit der Wasserstoffbindung mit dem Lösungsmittel. Kinetika i Kataliz (Kinetik u. Katalyse) **15** (1974) 3, S. 586 – 591.

Kolčin, I. K.: Katalysatoren der oxydativen Ammonolyse von Propylen. Usp. Chimii (Fortschr. d. Chemie) **13** (1974) 6, S. 1050 – 1073.

Čebotarev, V. P., Tepljakov, M. M., Koršak, V. V.: Synthese und Eigenschaften von Oligophenylen mit 1,3,5-substituierten Benzolringen. Izv. Akad. Nauk SSSR, Serija chim. (Nachr. Akad. Wiss. UdSSR, Chemie) (1974) 6, S. 1407 – 1409.

Polymersynthesen

Olah, G. A.: Rolle der Carbokationen bei der kationischen Polymerisation (Polykondensation) von π-, δ-, und n-Donator-Monomeren. Makromol. Chemie **175** (1974) 4, S. 1039 – 1064 (engl.)

Marechal, E.: Einfluß der Art und Stellung der Substituenten auf die kationische Polymerisation einiger aromatischer Monomerer. J. macromol. Sci.; A: Chemistry **7** (1973) 2, S. 433 – 460.

Lineare Polymere mit Kohlenstoffkette

Sigwalt, P.: Ständige Probleme und neueste Ergebnisse auf dem Gebiet der kationischen Polymerisation. Makromol. Chemie **175** (1974) 4, S. 1017 – 1038 (engl.)

Nametkin, N. S., Vdovin, V. M., Poletaev, V. A., Sergeeva, M. B.: Katalytisch wirkende Systeme auf der Basis von siliciumorganischen Verbindungen für die Polymerisation von α-Olefinen. Vysokomol. Soed. (Hochmol. Verbind.), Sreiaj B: Kratkie Soobšč. (Kurzmitt.) **16** (1974) 5, S. 329 bis 330.

Laiber, V.: Statistische Modellierung der Beziehungen zwischen den Parametern für eine Äthylenpolymerisationsanlage. Materiale plast., Bucureşti **11** (1974) 3, S. 140–144; 4, S. 201–206.

Pichot, C., Guillot, J., Pham, Q. T., Guyot, A.: Innere Übertragungsreaktionen bei der Copolymerisation von Vinylacetat mit chlorierten Monomeren. J. macromol. Sci., A: Chemistry **7** (1973) 2, S. 495–512.

Okimoto, T., Inaki, Y., Takemoto, K.: Vinylpolymerisation durch Metallkomplexe. VII. Photopolymerisation von Vinylmonomeren durch Metallsalz/Saccharid-Systeme. J. macromol. Sci., A: Chemistry **7** (1973) 6, S. 1313–1321.

Ibragimov, I. Ja., Bort, D. N.: Über die Umsetzung von Polyvinylchlorid mit dem eigenen Monomeren. Vysokomol. Soed. (Hochmol. Verbind.), Serija B: Kratkie Soobšč. (Kurzmitt.) **16** (1974) 5, S. 376–379.

Avny, Y., Gozlan, A., Zilkha, A.: Alkalimetalladdukte von aromatischen Nitroverbindungen — Reaktionen und Anwendung zur Polymerisation von Vinylmonomeren. J. macromol. Sci., A: Chemistry **7** (1973) 6, S. 1323 bis 1338.

Kirillov, A. I., Mol'kov, A. D., Ivanova, L. F.: Polymerisation von Vinylchlorid in Gegenwart von Bis-[1-(acetyloxy)acylperoxycyloalkyl]-peroxiden. Vysokomol. Soed. (Hochmol. Verbind.), Serija B: Kratkie Soobšč. (Kurzmitt.) **16** (1974) 5, S. 364–367.

Šamonina, N. F., Kotov, A. G.: Untersuchung der Polymerisation von adsorbiertem Tetrafluoräthylen mit Hilfe der ESR-Spektroskopie. Vysokomol. Soed. (Hochmol. Verbind.), Serija B: Kratkie Soobšč. (Kurzmitt.) **16** (1974) 5, S. 342–346.

Ulbricht, J., Höring, S.: Zur Kinetik der Copolymerisation von Acrylnitril und Vinylchlorid in polaren Lösungsmitteln. I. Einfluß des Lösungsmittels auf Copolymerisationsverhalten und Copolymerisationsgeschwindigkeit. Faserforsch. u. Textiltechnik/Z. Polymerforsch. **25** (1974) 7, S. 277–283.

Tomescu, M., Pusztai, K.: Aspekte zur chemischen Einheitlichkeit von Acrylnitril-α-Methylstyrol-Maleinsäureanhydrid-Terpolymeren. Materiale plast., Bucureşti **11** (1974) 4, S. 178–181.

Medvedev, S. S., Grickova, L. A., Zujkov, A. V., Sedakova, L. I., Berežnoj, G. D. (Schreibw. i. Orig.: *Gritskova, I. A., Zuikov, A. V., Berejnoi, G. D.*): Emulsionspolymerisation von Styrol in Gegenwart von nichtionischen Emulgatoren. J. macromol. Sci., A: Chemistry **7** (1973) 3, S. 715–736.

Cybin, Ju. S., Kulakova, K. A., Perin, N. A., Konovalova, O. I.: Einige kinetische Gesetzmäßigkeiten der kontinuierlichen Substanzpolymerisation von Styrol. Plast. Massy, Moskva (Plast. Massen) (1974) 6, S. 10 bis 12.

Pepper, D. Ch.: Neue Gesichtspunkte zu einem alten Polymerisationsverfahren. Polymerisation von Styrol in Methylenchlorid durch $HClO_4$. Makromol. Chemie **175** (1974) 4, S. 1077–1099 (engl.).

Giusti, P.: Elektrische Feldeffekte und Elektroinitiierung bei der kationischen Polymerisation. Makromol. Chemie **175** (1974) 4, S. 1157–1180 (engl.).

Patnaik, B. K., Gaylord, N. G.: Donator-Akzeptor-Komplex bei der Copolymerisation. XLIV. Copolymerisation von Styrol und α-Methylstyrol mit Acrylsäure und α-substituierten Acrylsäureestern in Gegenwart von Aluminiumverbindungen. J. macromol. Sci., A: Chemistry **7** (1973) 6, S. 1247–1263.

Lineare Polymere mit Heterokette

Vogl, O.: Kationische Polymerisation von Aldehyden. Makromol. Chemie **175** (1974) 4, S. 1281–1308 (engl.).

Penczek, St.: Hydridionen-Übertragungsprozesse und kationische Polymerisation von cyclischen Acetalen. Makromol. Chemie **175** (1974) 4, S. 1217–1252 (engl.).

Strachov, V. V., Kafengauz, A. P., Žarkova, I. A.: Einige Gesetzmäßigkeiten der Synthese von Polyurethanthermoplasten. Plast. Massy, Moskva (Plast. Massen) (1974) 6, S. 12–14.

Střešinka, J., Mokrý, J.: Einfluß von Verunreinigungen auf die hydrolytische Polymerisation von 6-Caprolactam. Chem. Prům., Praha (Chem. Ind.) **24(49)** (1974) 6, S. 299–304.

Jakovleva, M. K., Šejnker, A. P., Abkin, A. D.: Strahlungsinduzierte Copolymerisation von Äthylenoxid mit Acrylnitril. Vysokomol. Soed. (Hochmol. Verbind.), Serija B: Kratkie Soobšč. (Kurzmitt.) **16** (1974) 5, S. 382–384.

Cyclische Polymere

Lustoň, J., Guniš, J., Maňásek, Z.: Polymere UV-Absorber vom 2-Hydroxybenzophenontyp. I. Polyester auf der Basis von 2-Hydroxy-4-(2,3-epoxypropoxy)benzophenon. J. macromol. Sci., A: Chemistry **7** (1973) 3, S. 587–599.

Goethals, E. J., Cardon, A., Grosjean, R.: Copolymerisation von Maleinsäureanhydrid mit Benzofuran, Indol und Benzothiophen. J. macromol. Sci., A: Chemistry **7** (1973) 6, S. 1265–1278.

Hergenrother, P. M.: Poly-as-traizine aus Oxalamidrazon. J. macromol. Sci., A: Chemistry **7** (1973) 3, S. 573–585.

Gluchov, N. A., Koton, M. M., Tarasova, T. V., Ščerbakova, L. M.: Synthese und Eigenschaften von halogenhaltigen Polypyromellithimiden. Vysokomol. Soed. (Hochmol. Verbind.), Serija B: Kratkie Soobšč. (Kurzmitt.) **16** (1974) 5, S. 369–372.

Koršak, V. V., Pankratov, V. A., Cvankin, D. Ja., Vinogradova, S. V., Babčinicer, T. M.: Zur Frage der Kristallisation von starkvernetzten starrkettigen Polymeren — Polycyanaten. Vysokomol. Soed. (Hochmol. Verbind.), Serija B: Kratkie Soobšč. (Kurzmitt.) **16** (1974) 5, S. 324 bis 325.

Maršalkovič, A. S., Jaralov, L. K., Baskakova, E. E., Ovanesova, G. S.: Über die Polymerisation von Triallylcyanurat. Vysokomol. Soed. (Hochmol. Verbind.), Serija B: Kratkie Soobšč. (Kurzmitt.) **16** (1974) 5, S. 327–328.

Vernetzte Polymere

Svetlov, A. K., Muromoev, Ju. L., Chomenko, E. V., Cvetkov, Ju. S., Krjučkov, V. V.: Ermittlung optimaler Synthesebedingungen von makroporösen Styrol-Divinylbenzol-Copolymeren unter Anwendung der Versuchsplanungsmethoden. Ž. prikl. Chimii (Z. angew. Chemie) **47** (1974) 4, S. 828–832.

Polymermischungen und -kompositionen

Shaw, M. T.: Untersuchung der Polymer-Polymer-Löslichkeit mit einer zweidimensionalen Löslichkeitsparameter-Näherung. J. appl. Polymer Sci. **18** (1974) 2, S. 449–472.

Chemische Umsetzungen an Polymeren

Bulla, I., Polčin, J.: Der Einfluß des Ammoniaks auf Chemie und Mikrostruktur der Cellulosefaser. Výskum práce odboru papiera a celulózy, Praha (Forsch.-Arb. Papier-Zellstoffind.), **29** (1974) 5, S. V34–V38 (dt.). In: Papír a Celulóza, Praha **29** (1974) 4.

Polymeranaloge Reaktionen

Krencel', L. B., Litmanovič, A. D.: Chemische Uneinheitlichkeit von chloriertem Polyäthylen. Vysokomol. Soed. (Hochmol. Verbind.), Serija B: Kratkie Soobšč. (Kurzmitt.) **16** (1974) 5, S. 372–374.

Vichoreva, G. A., Gal'brajch, L. S., Rogovin, Z. A.: Untersuchung der Oxydation von 6-O-Tritylcellulose mit Dimethylsulfoxid enthaltenden Systemen. Cellulose Chem. Technology, Iaşi/Rum. **8** (1974) 2, S. 115 bis 124 (russ.).

Smirnov, L. V., Popov, K. R., Gračev, V. I.: Orientierung der Polyen-Segmente in dehydratisiertem Polyvinylalkohol. Vysokomol. Soed. (Hochmol. Verbind.), Serija B: Kratkie Soobšč. (Kurzmitt.) **16** (1974) 5, S. 389–390.

Pfropfung

Wilson, J. E.: Pfropfung von Monomeren und Polymeren auf Polyamidfilm unter Anwendung von ^{60}Co-γ-Strahlung. J. macromol. Sci., A: Chemistry **7** (1973) 4, S. 845–872.

Vernetzung

Crowley, J. I., Harvey, III, T. B., Rapoport, H.: Synthese in fester Phase. Nachweis von Intra-Harzreaktionen und deren Quantifizierung. J. macromol. Sci., A: Chemistry **7** (1973) 5, S. 1117–1126.

Solomko, V. P., Šrubovič, V. A., Pelišenko, S. S., Nižnik, V. V., Polikanova, L. F., Šarovol'skaja, L. N.: Einfluß der photochemischen Vernetzung und des Füllstoffes auf die Struktur und Eigenschaften von Polyäthylen. Plast. Massy, Moskva (Plast. Massen) (1974) 6, S. 42–44.

Abbaureaktionen

Gamzazade, A. I., Žuravleva, I. V., Rode, V. V., Koršak, V. V.: Thermische Beständigkeit von Polymethylidenphthalid. Izv. Akad. Nauk SSSR, Serija chim. (Nachr. Akad. Wiss. UdSSR, Chemie) (1974) 6, S. 1433 bis 1436.

Ball, G., Boettner, E. A.: Verbrennungsprodukte von stickstoffhaltigen Polymeren. Nuova Chimica, Milano **50** (1974) 5, S. 76–80.

Lipatov, Ju. S., Bezruk, L. I., Lebedev, E. V., Gomza, Ju. P.: Einfluß des Kristallinitätsgrades von Polymeren auf die Geschwindigkeit ihres Abbaues im Plasma einer Hochfrequenz-Entladung. Vysokomol. Soed. (Hochmol. Verbind.), Serija B: Kratkie Soobšč. (Kurzmitt.) **16** (1974) 5, S. 328–329.

Daševskaja, S. S., Akutin, M. S., Šljapnikov, Ju. A.: Hochtemperatur-Oxydation von Polysulfon. Vysokomol. Soed. (Hochmol. Verbind.), Serija B: Kratkie Soobšč. (Kurzmitt.) **16** (1974) 5, S. 353–356.

Pašteka, M., Mislovičová, D.: Auflösung von Cellulose in N,N-Dimethylformamid unter Einwirkung von Stickstofftetroxid. Cellulose Chem. Technology, Iaşi/Rum. **8** (1974) 2, S. 107–114 (engl.).

Physik und physikalische Chemie von Polymeren

Rašajski, S. N., Vrhovac, Lj. P.: Regenerierung von Cellulose aus Cadoxenlösungen und einige Eigenschaften des Regenerates. Papier **28** (1974) 6, S. 243–247.

Valenti, B., Alfonso, G., Pedemonte, E.: Heterogene Keimbildung bei Polymeren. Nuova Chimica, Milano **50** (1974) 5, S. 35–40.

Polymere Festkörper

Savel'ev, A. P., Kotenkov, V. I., Braginskij, V. A.: Strukturumwandlungen des Polyvinylchlorids während der Verarbeitung. Plast. Massy, Moskva (Plast. Massen) (1974) 6, S. 32–34.

Petrea, I., Gavrilă, D.: Einfluß von Kernstrahlung auf die elektrischen Eigenschaften einiger Polymersysteme. Materiale plast., Bucureşti **11** (1974) 3, S. 66–69.

Yasuda, H., Peterlin, A.: Gaspermeabilität von deformierten Polyäthylenfilmen. J. appl. Polymer Sci. **18** (1974) 2, S. 531–546.

Holland, V. F.: Morphologie und Kristallstruktur von vollständig aromatischen all-p-Polyamidhydrazidpolymeren. J. macromol. Sci., A: Chemistry **7** (1973) 1, S. 173–182.

Joesten, B. L.: Thermogravimetric und Differential-Scanning-Kalorimetrie einiger Halogenatome enthaltender Poly-p-xylylene. J. appl. Polymer Sci. **18** (1974) 2, S. 439–448.

Butnaru, R., Rozmarin, Gh.: Neue Aspekte in den modernen Vorstellungen vom übermolekularen Aufbau der Cellulose. Celuloza şi Hîrtie, Bucureşti (Cellulose u. Papier) **23** (1974) 1, S. 12–16.

Dawczynski, H.: Supraleitung — nicht nur in Metallen. Wiss. u. Fortschr. **24** (1974) 6, S. 262–264.

Polymerschmelzen

Ismajlov, T. M., Sagalaev, G. V., Gabrieljan, I. A., Ragimov, A. M., Machmudov, A. A., Svjatoduchov, B. P.: P-V-T-Beziehung von Plasten im Fließzustand. Plast. Massy, Moskva (Plast. Massen) (1974) 6, S. 45–47.

Weigel, P., Hirte, R., Ruscher, Ch.: Über die Feinstruktur der Polyamide. X. Einfluß der thermischen Vorgeschichte auf das Schmelzverhalten von Polycaproamid. Faserforsch. u. Textiltechnik/Z. Polymerforsch. **25** (1974) 7, S. 283–288.

Polymerlösungen und -dispersionen

Burke, J. J.: Charakterisierung der relativen Molekülmasse von vollständig p-orientierten aromatischen Polyamidhydraziden und vollaromatischen Polyamiden. J. macromol. Sci., A: Chemistry **7** (1973) 1, S. 187–200.

Paul, D. R.: Lösungsmitteleinflüsse auf die wechselseitige Diffusion in konzentrierten Polystyrollösungen. J. appl. Polymer Sci. **18** (1974) 2, S. 473–480.

Orlov, I. G., Košeler, K. K., Ogorodnikov, V. D., Solienko, O. V.: Einfluß der Komplexbildung auf Eigenschaften von Polystyrol- und Poly-N-Vinylcarbazollösungen. Izv. Akad. Nauk SSSR, Serija chim. (Nachr. Akad. Wiss. UdSSR, Chemie) (1974) 6, S. 1400–1402.

Sato, H., Nakajima, A.: Komplexe Koazervation in einem System aus sulfatiertem Polyvinylalkohol und aminoacetalisiertem Polyvinylalkohol. I. Bedingungen für die komplexe Koazervation. Colloid Polymer Sci./Kolloid-Z. u. Z. Polymere **252** (1974) 4, S. 294–297 (engl.).

Rogorina, L. Z., Slonimskij, G. L.: Natur der Gelbildung, Struktur und Eigenschaften von Polymergelen. Usp. Chimii (Fortschr. d. Chemie) **43** (1974) 6, S 1102–1135.

Ueberreiter, K., Morisoto, S., Steulmann, R.: Oberflächenspannung von Polymerlösungen. I. Kinetik der Oberflächenbildung. Colloid Polymer Sci./Kolloid-Z. u. Z. Polymere **252** (1974) 4, S. 273–277 (engl.).

Applikation von Polymeren

Matsuura, T., Bednas, M. E., Sourirajan, S.: Trennung von einzelnen oder mehreren Alkoholen in wäßrigen Lösungen durch reverse Osmose unter Verwendung von porösen Celluloseacetatmembranen. J. appl. Polymer Sci. **18** (1974) 2, S. 567–588.

Tsou, K. C., Yip, K. F.: Synthese von Deoxyoligonucleotiden an einem isotaktischen Polymerträger. J. macromol. Sci., A: Chemistry **7** (1973) 5, S. 1097–1116.

Ang, T. L., Harwood, J. H.: Anwendung von Harzen, die Sulfonsäure-Essigsäure-Mischanhydride enthalten, als Acylierungsmittel. J. macromol. Sci., A: Chemistry **7** (1973) 5, S. 1079–1083.

Brewer, G. E. F.: Elektrochemische Abscheidung von filmbildenden Makroionen. J. macromol. Sci., A: Chemistry **7** (1974) 3, S. 709–713.

Bauen im Winter unter Polyamidverkleidung. Hemijska Vlakna, Loznica/Jugoslaw. (Chemiefaserstoffe) (1973) 3/4, S. 45.

Nikolaev, A. F., Trizno, M. S., Bykova, L. I., Zvereva, E. A., Klimičeva, N. F.: Filme, Überzüge und Kleber auf der Basis von mit Epoxid-Novolak-Blockcopolymeren modifiziertem Polyamid. Plast. Massy, Moskva (Plast. Massen) (1974) 6, S. 35–37.

II. Faserstoffe

Naturfaserstoffe

Pflanzliche Faserstoffe

Burkitt, F. H.: Die Vielseitigkeit von Baumwolle. Tex/Textilis, Gent (1974) 6, S. 19–20, 23–26, 32–33.

Chemiefaserstoffe

Welfers, E.: Moderne Herstellungsverfahren von Chemiefasern. Melliand Textilber. internat. **55** (1974) 5, S. 410–412.

Chemiezellstoff

Bobrov, A. I. (Schreibw. i. Orig.: *Bobrow, A. I.*)*:* Das Lärchenholz als Rohstoff für die Zellstoffherstellung. Zellstoff u. Papier **23** (1974) 6, S. 164–168.

Ledvik, I. Ju., Birbrover, N. M., Dobrynin, N. A., Mlečko, T. V., Nikitin, V. N.: Änderung der übermolekularen Struktur von Cellulose unter Einwirkung von NaOH-Lösungen in Gegenwart von Na_2S. Cellulose Chem. Technology, Iași/Rum. **8** (1974) 2, S. 141–151 (russ.).

Berndt, W.: Jodsorption von Buchen- und Fichten-Viskosezellstoffen. Výskum. práce odburu papiera a celulózy, Praha (Forsch.-Arb. Papier-Zellstoffind.) **29** (1974) 5, S. V25–V26. In: Papír a Celulóza, Praha **29** (1974) 5,

Kratzl, K., Silbernagel, H., Vierhapper, F. W.: Modellversuche zur Sauerstoffbleiche von Zellstoff. 1. Mitt. Zur Bildung von Kohlenmonoxid aus Kohlenhydraten, Zuckeralkoholen und Phenolen. Holzforsch. **28** (1974) 3, S. 77–81.

Gajvoronskij, A. V., Nagrodskij, I. A., Dobrynin, N. A., Cigel'man, M. D., Požitkova, E. I., Talmud, S. L.: Behandlung von Zellstoff mit Alkali und seine Viskosierbarkeit. Bumaž. Prom. (Papier-Ind.) (1974) 6, S. 7–8.

Kozlova, A. A., Kozlov, M. P., Pogosov, Ju. L., Cokolaev, R. B.: Verarbeitung von Sulfitzellstoff zu Acetaten. Bumaž. Prom. (Papier-Ind.) (1974) 6, S. 15–16.

Laxén, T.: Pulsverfahren – eine neue Bleichmethode und ihre Steuerung. Zellstoff u. Papier **23** (1974) 6, S. 169–174.

Livšic, O. D., Mazepa, M. I., Sibirjakova, L. G.: Gaschromatographische Bestimmung der Pentosane in pflanzlichem Rohstoff. Gidroliz. i lesochim. Prom. (Hydrolyse- u. holzchem. Ind.) (1974) 4, S. 8.

Regeneratfaserstoffe

Kleinert, Th. N.: Elektrothermische Viskosereife. Holzforsch. **28** (1974) 3, S. 115–116.

Markov, A.: Qualität von Garnen aus der bulgarischen Polynosicfaser Swilosa. Tekstil. Prom., Sofija (Textil-Ind.) **23** (1974) 2, S. 60–61.

Synthetische Faserstoffe

Black, W. B.: Vollaromatische Hochmodulfaserstoffe: Einleitung zum Symposium und historischer Überblick. J. macromol. Sci., A: Chemistry **7** (1974) 1, S. 3–41.

Georgiev, G.: Etalon für das Weltniveau von Baumwoll-Streichgarn. Tekstil. Prom., Sofija (Textil-Ind.) **23** (1974) 3, S. 119–123.

Nakamura, K., Watanabe, T., Amano, T., Katayama, K.: Einige Aspekte der nichtisothermen Kristallisation von Polymeren. III. Kristallisation während des Schmelzspinnens. J. appl. Polymer Sci. **18** (1974) 2, S. 615 bis 623.

Polyamidfaserstoffe

Preston, J., Black, W. B., Hofferbert, W. L., jr.: Vollaromatische Hochmodulfaserstoffe. I. Vollständig geordnete Polyamidhydrazide und Poly-1,3,4-oxadiazolamide. II. Teilweise geordnete Polyamidhydrazide. J. macromol. Sci., A: Chemistry **7** (1973) 1, S. 45–65; 67–98.

Preston, J., Morgan, H. S., Black, W. B.: Vollaromatische Hochmodulfaserstoffe. III. Statistische Copolymere mit Hydrazid- und/oder Carbonsäureamidbindungen. J. macromol. Sci., A: Chemistry **7** (1973) 1, S. 325 bis 348.

Black, W. B., Preston, J., Morgan, H. S., Raumann, G., Lilyquist, M. R.: Einige physikalische und mechanische Eigenschaften von einigen aus vollständig p-orientierten aromatischen Polyamidhydraziden hergestellten Hochmodulfaserstoffen. J. macromol. Sci., A: Chemistry **7** (1973) 1, S. 137–171.

Polyacrylnitrilfaserstoffe

Končer, D.: Anwendung und Perspektiven von Malonfaserstoff in der Textilindustrie Jugoslawiens. Hemijska Vlakna, Loznica/Jugoslaw. (Chemiefaserstoffe), (1973) 1/2, S. 12–21.

Künstliche mineralische Faserstoffe

Barthel, R., Gocke, H., Bunzel, U., Wolf, G.: Glasseiden-Verbundfäden. Faserforsch. u. Textiltechnik/Z. Polymerforsch. **25** (1974) 7, S. 294–303.

III. Fäden-Herstellungstechnologien

Ernest-Scragg – Technischer Neuerer. Textile Inst. Ind. **12** (1974) 6, S. 182 bis 183.

Spinnerei. Zwirnerei

Spinnereivorbereitung

Balasubramanian, N., Nerurkar, S. K.: Die Kardierwirkung einer rotierenden Deckelkarde. J. Textile Inst. **65** (1974) 6, S. 327–328.

McCracken, J. R., Chaikin, M.: Die Behandlung von Wollwaschflotten: Zentrifugierstudien. J. Textile Inst. **65** (1974) 6, S. 314–324.

Penov, C., Dživanov, K.: Bestimmung der optimalen Ballenanzahl in der Mischung beim Einsatz des Ballenöffners BM-2. Tekstil. Prom., Sofija (Textil-Ind.) **23** (1974) 2, S. 62–65.

Projnev, G., Petkov, D.: Untersuchung des Nutzeffektes durch den Einsatz von Ganzstahlgarnituren in der Kammgarnspinnerei. Tekstil. Prom., Sofija (Textil-Ind.) **23** (1974) 2, S. 65–68.

Spinnerei

Težački, B., Kranjec, V.: Verarbeitung von Malon in Kammgarnspinnereien. Hemijska Vlakna, Loznica/Jugoslaw. (Chemiefaserstoffe) (1973) 1/2, S. 41–45.

Miljkovic, L.: Verspinnen und Färben von Malon. Hemijska Vlakna, Loznica/Jugoslaw. (Chemiefaserstoffe) (1973) 1/2, S. 36–41.

Spasov, N., Projnov, G., Petkov, D., Iliev, Ch.: Optimale Liefergeschwindigkeit beim Spinnen von Kammgarn auf Ringspinnmaschinen. Tekstil. Prom., Sofija (Textil-Ind.), **23** (1974) 3, S. 123–129.

Lünenschloß, J., Hoth, G., Schusser, H.: Der Einfluß der Passagenzahl und der Bandeinlaufrichtung auf die Häkchenzahl im Faserring der OE-Rotorspinnmaschine. Melliand Textilber. internat. **55** (1974) 5, S. 403–406.

Erzeugnisse der Spinnerei und Zwirnerei

Jankulovski, N.: Charakteristik des Malon-Hochbauschkonverterbandes und Garnes über 2 Denier. Hemijska Vlakna, Loznica/Jugoslaw. (Chemiefaserstoffe) (1973) 3/4, S. 3–11.

Raumann, G., Brownlee, J. L.: Anwendung von Hochmodulfaserstoffen auf Polyamidhydraziden als Reifencord. J. macromol. Sci., A: Chemistry **7** (1972) 1, S. 281–293.

K 403 und K 753: Neue hochtemperaturbeständige Nähfäden von Gütermann. Bekleid. u. Wäsche **26** (1974) 10, S. 660.

Texturfäden

Porubän, M.: Gegenwärtiger Stand und die Weiterentwicklung der Maschenwarenindustrie in der Slowakischen SR. Inform. Přehled. Výzkumný Ust. Pletařský (Inform.-Übers. Wirkerei-Inst.) (1974) 1/2, S. 45–59.

Guzina, M.: Recktexturierung – ein neues technologisches Verfahren zur Herstellung von texturierter Polyesterseide. Hemijska Vlakna, Loznica/Jugoslaw. (Chemiefaserstoffe) (1973) 1/2, S. 31–34.

Weinsdörfer, H.: Halb- und vollautomatische Verfahren zur Bestimmung der Kräuselkontraktion texturierter Garne. Melliand Textilber. internat. **55** (1974) 5, S. 427–434.

IV. Flächengebilde-Herstellungstechnologien

Materialvorbereitung

Stojanović, N., Živković, St., Milenković, J., Veinović, M., Stoijković, R., Arsić, A.: Vorbereitung von Malon-Wollegemischen zur Gewebeherstellung vom technisch-ökonomischen Gesichtspunkt aus. Hemijska Vlakna, Loznica/Jugoslaw. (Chemiefaserstoffe), (1973) 3/4, S. 30–37.

Weberei

Burlakova, T., Saraivanov, S., Gekova, P.: Spezialisierung der Arbeitsplätze in der Baumwollweberei – ein Faktor zur Steigerung der Arbeitsproduktivität. Tekstil. Prom., Sofija (Textil-Ind.), **23** (1974) 3, S. 116–119.

Weberei-Technologie

Milkov, M., Kabadžov, A., Trifonov, K.: Kinematische Erregung des Systems Kette/Gewebe. Tekstil. Prom., Sofija (Textil-Ind.) **23** (1974) 2, S. 71–74.

Erzeugnisse der Weberei

Podpeskar, J.: Verwendung von Malon für Möbelbezugsstoffe und Gardinen. Hemijska Vlakna, Loznica/Jugoslaw. (Chemiefaserstoffe) (1973) 3/4, S. 23–29.

Wirkerei und Strickerei. Konfektion. Sonstige Technologien

Knapton, J. J. F.: Das Wirken hochqualitativer Doppeljersey-Stoffe. V. Dimensionseigenschaften von schweizer und französischem Doppel-Piqué. Textile Inst. Ind. **12** (1974) 6, S. 178–181.

Wirkerei- und Strickerei-Technologie

Naumann, H.: Der Arbeitsanfang auf den Strickmaschinen – Die Anschlagarten und die Trennreihen. I. Melliand Textilber. internat. **55** (1974) 5, S. 450–452.

Matarić, J., Herman, V.: Einsatz und Verarbeitung von Malon im Medumurer Wirkereibetrieb in Cakovec. Hemijska Vlakna, Loznica/Jugoslaw. (Chemiefaserstoffe) (1973) 3/4, S. 13–15.

Bašić, S.: Verwendung und Verarbeitung von Malongarn in der Strumpfindustrie. Hemijska Vlakna, Loznica/Jugoslaw. (Chemiefaserstoffe) (1973) 3/4, S. 15–17.

Lovsin, F.: Einsatz von Malongarn in Mischungen im Wirkereibetrieb „Rašica". Hemijska Vlakna, Loznica/Jugoslaw. (Chemiefaserstoffe) (1973) 3/4, S. 11–13.

Erzeugnisse der Wirkerei und Strickerei

Bezemak, V.: Die Chemisierung der Maschenwarenindustrie und Realisation der Innovationsprogramme. Inform. Přehled. Vyzkumný Úst. Pletařský (Inform.-Übers. Wirkerei-Inst.) (1974) 1/2, S. 71–74.

Muench, E.: Herrenstrickstrümpfe aus Mischungen von Chemie- und Naturfasern. Bekleidungsmedizin 13 (1973) 6, S. 9–13.

Pirek, A.: Die Rationalisierung des Konfektionierens als eine der Möglichkeiten der Einsparung von Arbeitskräften. Inform. Přehled. Vyzkumný Úst. Pletařský (Inform.-Übers. Wirkerei-Inst.) (1974) 1/2, S. 103–109.

Vanel, J.: Voraussetzungen für die weitere Anwendung der MTM-Methode. Inform. Přehled. Vyzkumný Úst. Pletařský (Inform.-Übers. Wirkerei-Inst.) (1974) 1/2, S. 125–129.

Konfektion

Saraivanova, St.: Möglichkeiten des Systems MTM für die Rationalisierung der Arbeit und der Arbeitsplätze in der Konfektionsindustrie. Tekstil. Prom., Moskva (Textil-Ind.) 23 (1974) 2, S. 56–59.

Textilverbundstoffe

Lilyquist, M. R., DeBrunner, R. E., Fincke, J. K.: Konstruktion und Eigenschaften von für die Verstärkung von Verbundstoffen geeigneten Geweben aus organischen Hochmodulfaserstoffen. J. macromol. Sci., A: Chemistry 7 (1973) 1, S. 203–227.

Zaukelies, D. A., Daniels, B. K.: Mechanische Eigenschaften eines Hochmodul-Polyamidhydrazidfaserstoffes in Verbundstoffen und von Polyamidhydrazidfaserstoff- und -gewebeverbundstoffen. J. macromol. Sci., A: Chemistry 7 (1973) 1, S. 229–279.

Die Koagulation von Kunststoffdispersionen bei der Herstellung von Naßvliesen. Allgem. Vliesstoff-Report (1974) 6, S. 128–129.

Faserverbundstoffe. Vliesstoffe

Schlese, G.: Vliesstoffe nach dem mechanischen Verfahren. Allgem. Vliesstoff — Report (1974) 5, S. 104–105; 6, S. 124–125.

Herfeld, H.: Welche Anforderungen werden unter dem Gesichtspunkt der Tragehygiene an Leder und synthetische Schaftmaterialien für den Schuhoberbau gestellt? Bekleidungsmedizin 13 (1973) 6, S. 2–8.

van Gorp, P. J. M.: Strukturnadelvlies-Fußbodenbelag. I. Tex/Textilis, Gent (1974) 6, S. 34, 36–38, 40.

Fadenverbundstoffe

Erth, D., Grenzendörfer, D.: Nähwirktechnik Malimo — eine Textiltechnik mit Zukunft. Melliand Textilber. internat. 55 (1974) 5, S. 444–449.

V. Textilveredlung

Kurz, E.: Neue Aspekte des Waschens und Ausrüstens aus dem Lösungsmittel. Amer. Dyestuff Rep. 63 (1974) 1, S. 25–32, 34–35, 52, 54.

Vogel, E.: Neue Aufmachungsformen in der Garnveredlung. Melliand Textilber. internat. 55 (1974) 5, S. 479–480.

Farbstoffe. Textilhilfsmittel

Stănescu, L., Mangu, M., Frunză, C.: Betrachtungen über die Reaktivfarbstoffe. Rev. Chimie, Bucureşti 25 (1974) 5, S. 357–364.

Smith, K.: Weichmacher für Textilien. Invest. e Inform. Textil, Tensioactivos 17 (1974) 2, S. 231–238.

Salem, A. S. G., Farag, A. A., Shawki, M., Selim, M. H.: Vergleichende Untersuchung auswaschbarer und permanenter optischer Aufheller auf der Basis von Benzimidazolderivaten. II. Die Anwendung der optischen Aufheller auf Baumwollfasern. Koloristikai Ertesitö (Kolor. Rdsch.) 16 (1974) 5/6, S. 98–111 (engl.).

Färberei

Mihalik, B., Mikesi, G.: Einige theoretische und praktische Fragen des polychromatischen Färbeverfahrens. Koloristikai Ertesitö (Kolor. Rdsch.) 16 (1974) 5/6, S. 156–160.

Capponi, N., Moreau, J., Somm, P.: Kontinuierliches Färben mit Lösungsmitteln. Amer. Dyestuff Rep. 63 (1974) 1, S. 36, 39–49.

Fuchs, H., Konrad, H. H.: Die Lösung von Egalitätsproblemen beim Färben filzfrei ausgerüsteter Wolle mit Vinylsulfon-Farbstoffen. Melliand Textilber. internat. 55 (1974) 5, S. 458–462.

Brooks, J. H.: Die Wirkungsweise von Egalisiermitteln beim Färben von Wolle. J. Soc. Dyers Colorists 90 (1974) 5, S. 158–163.

James, E., Seltzer, I.: Apparative Farbvorhersage — ein potentielles Hilfsmittel für die Farbstoff- und Verfahrensauswahl. J. Soc. Dyers Colorists 90 (1974) 4, S. 130–134.

Druckerei

Kotte, H.: Bedrucken von Vliesstoffen. Allgem. Vliesstoff-Report (1974) 5, S. 88, 90–91.

Schulzen, H.: Ergänzende coloristische Möglichkeiten durch das Sublicolor-Verfahren. Melliand.Textilber. internat. 55 (1974) 5, S. 467–478.

Ausrüstung

Riedel, D.: Wie lassen sich konstante Flächen-Krumpfwerte erzielen? Melliand Textilber. internat. 55 (1974) 5, S. 486–488.

Nossar, M. S., Chaikin, M., Datyner, A.: Hochintensive Trocknung textiler Fasern. Teil III. Der Einfluß von Ungleichförmigkeiten der Faser- und Feuchteverteilung in einem Faser- oder Garnbett auf die Trocknungsgeschwindigkeit. J. Textile Inst. 65 (1974) 6, S. 300–306.

Wäscherei. Chemische Reinigung

Ahlhelm, Th.: Eine noch seltene Dienstleistungsart: Reinigen von Polstermöbeln. Textilreinigung 21 (1974) 6, S. 182–183.

VI. Werkstoffprüfung. Meß- und Prüftechnik. Standardisierung

Chapman, B. M.: Biegung und Faltung von Anordnungen aus mehrteiligen viskoelastischen Fasern. Teil III. Die Mechanik einer zweidimensionalen Anordnung von im allgemeinen linear viskoelastischen Fasern verschiedener Typen. Textile Res. J. 44 (1974) 4, S. 306–309.

Materialeigenschaften und Materialfehler

Calistru, E.: Eigenschaften von Textilfaserstoffen. Materiale plast., Bucureşti 11 (1974) 4, S. 194–200.

Miller, R. L.: Röntgenuntersuchung eines vollständig aromatischen all-p-Polyamidhydrazids. J. macromol. Sci., A: Chemistry 7 (1973) 1, S. 183 bis 186.

Zarželkaja, L. K., Kim, A. M., Taterosjan, E. L., Judkin, B. I.: Thermostabilisierung von Polyphenylenoxid (Ariloka). Plast. Massy, Moskva (Plast. Massen) (1974) 6, S. 56–58.

Zobov, E. A., Sabinina, E. J., Sokolova, G. A.: Einfluß optischer Impulsstrahlung auf einige Kennwerte von polymeren Dielektrika. Plast. Massy, Moskva (Plast. Massen) (1974) 6, S. 61–62.

Mamedov, R. I., Sadych-Zade, S. I., Aliev, G. D.: Rheologische Eigenschaften von modifiziertem Polypropylen. Plast. Massy, Moskva (Plast. Massen) (1974) 6, S. 49–50.

Kopševa, L. M., Šamov, I. V., Tarakanov, O. G., Krjučkov, F. A.: Einige Besonderheiten der Eigenschaftsänderung von elastischen Schaumpolyurethanen auf der Basis von Polyisocyanaten und Polyäthern. Plast. Massy, Moskva (Plast. Massen) (1974) 6, S. 47–49.

Audivert, R.: Betrachtungen über mit Seide umsponnene Garne und die daraus erhaltenen Gewebe. Invest. e Inform. Textil, Tensioactivos 17 (1974) 2, S. 167–172.

Barella, A., Vigo, J. P.: Beitrag zur Kenntnis der Eigenschaften von teilweise mit Polyamid beschichteten Baumwollgarnen. Invest. e Inform. Textil. Tensioactivos 17 (1974) 2, S. 149–154.

Alexandrescu, M., Talpus, V., Casadjicov, D., Gonciules, I.: Untersuchung des Einflusses der Extrusionsbedingungen auf die optischen und mechanischen Eigenschaften von Polyäthylenfolie niederer Dichte. Materiale plast. Bucureşti 11 (1974) 4, S. 189–193.

Knapton, J. J. F.: Faktoren, die die Dimensionsbeständigkeit von Doppeljersey-Strukturen beeinflussen. J. Textile Inst. 65 (1974) 6, S. 293–299.

Kleinhansl, E.: Automatische Drehungsprüfung. Melliand Textilber. internat. 55 (1974) 5, S. 420–427.

Statulov, I.: Vielfältige Bewertung von Webbindungen. Tekstil. Prom., Sofija (Textil-Ind.) 23 (1974) 3, S. 129–134.

Gupta, V. B., Khanna, P. N., Somashekar, T. H.: Orientierungsabhängigkeit des Young-Moduls von Polyäthylenfäden hoher Dichte. Colloid Polymer Sci./Kolloid-Z. u. Z. Polymere 252 (1974) 4, S. 288–293 (engl.).

Garvanska, R., Dimov, K., Georgiev, I., Pišev, D.: Lichtstabilisierung von Polycaproamidtextilseide. Faserforsch. u. Textiltechnik/Z. Polymerforsch. 25 (1974) 7, S. 311–316.

van der Meer, S. J.: Die dynamisch-mechanischen Eigenschaften von Garnen in Wasser und die kritischen Waschtemperaturen der Gewebe. J. Textile Inst. 65 (1974) 6, S. 288–292.

Meß- und Prüftechnik

Galbrun, Ph.: Beitrag zur Definition einer Methode zur statistischen Auswertung von Tensiden für Faserstoffe während der Beuche. Invest. e Inform. Textil, Tensioactivos 17 (1974) 2, S. 207–230.

Sippel, A.: Die mathematischen Statistiken der textilen Prüfung. Materialprüfung 15 (1974) 12, S. 403–406.

Fischer, H.: Die quantitative Bestimmung der Anteile von Fasermischungen. Bekleid. u. Wäsche 26 (1974) 10, S. 648–650.

Baumann, H.: Der partielle Schutz von Wolle gegen Photooxydation durch Anwendung von Reaktivfarbstoffen. J. Soc. Dyers Colorists 90 (1974) 4, S. 125–129.

Woo, J. L., Postle, R.: Messung des dynamischen Elastizitätsmoduls von kurzen Fasern. J. appl. Polymer Sci. 18 (1974) 2, S. 589–613.

Kleinheins, St.: Automatische Festigkeitsprüfung. Melliand Textilber. internat. 55 (1974) 5, S. 416–426.

Subramanian, T. A., Ganesh, K., Bandyopadhyay, S.: Eine allgemeine Gleichung zur Bestimmung der Lea-Festigkeit ringgesponnener Baumwollgarne. J. Textile Inst. 65 (1974) 6, S. 307–313.

Hoare, J. L., Thompson, B.: Reflexionsmessungen an gewaschener Wolle. J. Textile Inst. 65 (1974) 6, S. 281–287.

Standardisierung. Terminologie

Marcou, L.: Internationale Normung von Prüfmethoden. Invest. e Inform. Textil, Tensioactivos 17 (1974) 2, S. 187–206.

VII. Betriebstechnik. Ökonomie. Tagungsberichte und dgl.. Sonderfragen

Betriebstechnik

Klesniak, I.: Einsatzmöglichkeiten des Computers RPP 16 für die Leitung eines Strickereibetriebes. Inform. Přehled. Výzkumný Úst. Pletařský (Inform.-Übers. Wirkerei-Inst.) (1974) 1/2, S. 80–95.

Kosař, J.: Einsatz der Computertechnik im VEB Jitox, Pisek. Inform. Přehled. Výzkumný Úst. Pletařský (Inform.-Übers. Wollforsch.-Inst.) (1974) 1/2, S. 96–101.

Grivčev, I., Christov, R., Ganeva, R., Spasov, N., Kocev, N.: Optimierung der Produktionsprogramme in den Wolltextilbetrieben mit Hilfe von Elektronenrechnern. Tekstil. Prom., Sofija (Textil-Ind.) 23 (1974) 3, S. 113 bis 115.

Bernst, W., Hynek, A., Blače, Z.: Beitrag zur Problematik der Anschwemmfiltration von Viskose. Faserforsch. u. Textiltechnik/Z. Polymerforsch. 25 (1974) 7, S. 304–310.

Uspenskij, L. K., Belousova, V. A., Gručevskaja, L. A.: Zur Verbesserung der Qualitätskontrolle der Polymerproduktion. Plast. Massy, Moskva (Plast. Massen) (1974) 6, S. 74–75.

Ökonomie

Jovanović, M.: Pressekonferenz von „Enka-Glanzstoff" in Belgrad. Hemijska Vlakna, Lozinca/Jugoslaw. (Chemiefaserstoffe) (1973) 3/4, S. 42–43.

Jovanović, M.: Wo liegen die Ursachen des günstigen Trends für Viskosefasern auf dem Weltmarkt? Hemijska Vlakna, Loznica/Jugoslaw. (Chemiefaserstoffe) (1973) 1/2, S. 22–26.

1973 Export-Import-Übersicht. Textile Organon 45 (1974) 4, S. 34–46.

Sonderfragen

Abfallcellulose als mögliche Glucosequelle. Chem. engng. News 52 (1974) 21, S. 20.

Laut EPA keine Bedrohung durch Vinylchlorid in der Nähe von Fabriken. Chem. engng. News 52 (1974) 24, S. 6.

Vinylchloridstreitfragen bei Produzenten Großbritanniens im Brennpunkt. Chem. engng. News 52 (1974) 21, S. 5.

* 9 7 8 3 1 1 2 6 5 2 0 5 3 *